チャレンジ
数学（コース1）［改訂版］
日本留学試験対応

小宮全・山田哲也

国書刊行会

はじめに

　平成14年度（2002年度）から留学生の皆さんが大学へ進学する際の試験が新しくなりました。今までは大学進学時に，「日本語能力試験」と「外国人私費留学生統一試験」を受験しなければなりませんでした。その制度が留学生の皆さんにとって負担が大きいということで，その負担を軽くするために始められたのが「日本留学試験」です。

　日本留学試験は，日本語及び基礎学力を評価するもので，文系が「日本語」「総合科目」（公民・地理・歴史）「数学」の3科目，理系が「日本語」「理科」（物理・化学・生物から2科目選択）「数学」の4科目で行われます。

　つまり，留学生の皆さんが日本の大学で，その大学にふさわしい基礎学力を持っているか，その大学で授業についていけるかが測られるのです。

　その内，「数学（コース1）」についてまとめたものが本書です。コース1とは，「文系学部及び数学を必要とする程度が比較的少ない理系学部」用の科目です。

　「日本留学試験」も回を重ね，シラバスが改訂され，平成17年度（2005年度）の試験から新しいシラバスが適用されています。本書も改訂版シラバスに合わせて編集されています。

　本書は，日本留学試験を突破すために必要な力を身につけるための教材です。数学の勉強とは，決められたルールに乗っ取り，問題を解決することです。そのためには最低限しなくてはいけない"暗記"という作業があります。本書のポイントには，そのような最低限覚えてほしい事柄を簡潔にまとめました。

　最後になりましたが，本書の執筆を勧めてくださった国書刊行会の佐藤純子さんにこの場をかりてお礼を申し上げます。また，厳しいスケジュールにもかかわらず，非常に入念に原稿をチェックし有用なアドバイスをくれた東京理科大学理学研究科物理学専攻博士後期課程の文屋宏君にも深く感謝いたします。

2007年2月

小宮　全
山田哲也

本書の使い方

[例題]
その項目で使う基本事項をすべて含んだ基本問題です。これを問題なく解ける人はそのまま「練習問題」に移ってください。解けない場合は巻末の「解答と解説」を参照しながらその問題の解き方をしっかり理解し，それから練習に移ってください。

[練習問題]
解き方のパターンや公式などを覚えるための練習問題です。例題と同じレベルの基本問題から，場合によっては応用的な問題も含まれています。

[解答と解説]
例題の解き方や公式などの説明などがまとめられています。問題を解く際に必要に応じて参照してください。

[まとめの問題]
各章の最後には「まとめの問題」があります。その章の内容がしっかりと理解できているか確認しましょう。

[総合問題]
巻末の総合問題の難易度は本番の試験と同じか，少し難しいくらいになっています。2回分ありますので，実際に試験を受ける気持ちで解いてみましょう。

目次

はじめに

本書の使い方

第1章　方程式と不等式 ……………9

1　実数 …………………………………10
2　式の展開と因数分解 ………………12
3　連立方程式 …………………………14
4　一次不等式 …………………………16
5　二次方程式 …………………………18
第1章　まとめの問題 …………………22

第2章　二次関数 ……………………25

1　関数の定義と一次関数，二次関数 …26
2　二次関数とそのグラフ ……………28
3　グラフの平行移動 …………………30
4　頂点と軸，最大値，最小値 ………32
5　グラフの決定 ………………………34
6　二次不等式 …………………………36
第2章　まとめの問題 …………………40

第3章　図形と計量 ……… 43

1 三角比（正弦，余弦，正接） ……… 44
2 正弦定理 ……… 46
3 余弦定理 ……… 48
4 三角形の面積 ……… 50
第3章　まとめの問題 ……… 52

第4章　平面図形 ……… 53

1 相似と内分 ……… 54
2 三角形と内接円（内心） ……… 56
3 円周角と中心角 ……… 58
4 円と直線 ……… 60
第4章　まとめの問題 ……… 62

第5章　集合と論理 ……… 63

1 必要条件と十分条件 ……… 64
第5章　まとめの問題 ……… 66

第6章　場合の数と確率 ……67

1　場合の数（樹形図・順列） ……68
2　組合せ ……70
3　確率 ……72
第6章　まとめの問題 ……75

総合問題 ……77

第1回 ……78
第2回 ……82

解答と解説 ……87

第1章
方程式と不等式

1 実数

【例題】

次の各問題文中の **A〜G** には，それぞれ－（負号）か 0〜9 の数字のいずれか一つが入る。適するものを選びなさい。

1 　－3 以上 4 以下のすべての実数のうち整数は **A** 個である。
2 　－3 以上 4 以下のすべての実数のうち自然数は **B** 個である。
3 　絶対値が 2 である実数は **C**，**DE** である。
4 　$a+8\sqrt{3}=2(3+b\sqrt{3})$ のとき，

$$a=\boxed{\text{F}},\quad b=\boxed{\text{G}}$$

である。

（►解答は p.88）

ポイント

自然数：1，2，3，4……のように，1 に順次 1 を加えることによってできる数。
整数：自然数と 0，および自然数にマイナスの符号をつけた数の総称。
有理数：$\dfrac{a}{b}$ の形で表される数 （$b \neq 0$） 整数，有限小数，循環小数からなる。
無理数：有理数として表されない数。循環しない無限小数となる。
実数：すべての有理数と無理数からなる数。数直線上の点として表すことができる。
絶対値：実数を数直線上の点として表したとき，その点と原点（0）との距離のこと。

a の絶対値を，

$$|a|$$

と表す。また絶対値は以下の性質を持つ。

$$a \geqq 0 \text{ のとき，} |a|=a$$
$$a < 0 \text{ のとき，} |a|=-a$$

$$実数 \begin{cases} 有理数 \begin{cases} 整数 \\ 有限小数 \\ 循環する小数 \end{cases} \\ 無理数 - 循環しない小数 \end{cases} \Big\} 無限に続く小数（無限小数）$$

【練習問題】

問1　下の①〜⑩の数の中で，(1)〜(3)の条件にあてはまるものをそれぞれ選びなさい。

(1) 自然数
(2) 整数
(3) 無理数

① $\dfrac{3}{7}$　　② $\sqrt{5}$　　③ 2.8　　④ -4　　⑤ $\dfrac{5}{8}$

⑥ $4+6$　　⑦ $4+\sqrt{2}$　　⑧ 1　　⑨ 0　　⑩ π（円周率）

問2　次の記述が正しければ○，間違っていれば×をつけなさい。

(1) x と y が自然数であれば $x+y$ も自然数である。
(2) x が整数，y が無理数であれば $x+y$ は無理数である。
(3) $x+y$ が自然数であれば x も y も自然数である。
(4) 絶対値が4である数はすべて自然数である。

問3　分母に根号（$\sqrt{}$）を含む式において，根号を含まない形に変形することを分母の有理化という。次の数を，有理化しなさい。

(1) $\dfrac{2}{\sqrt{3}}$

(2) $\dfrac{\sqrt{5}+2}{\sqrt{5}-2}$

(3) $\dfrac{1+\sqrt{5}}{-2+\sqrt{5}}$

実数　11

2 式の展開と因数分解

> **ポイント**
> 展開の公式
> ① $a(x+y) = ax+ay$
> ② $(a+b)^2 = a^2+2ab+b^2$
> ③ $(a-b)^2 = a^2-2ab+b^2$
> ④ $(a+b)(a-b) = a^2-b^2$
> ⑤ $(x+a)(x+b) = x^2+(a+b)x+ab$
> ⑥ $(ax+b)(cx+d) = acx^2+(ad+bc)x+bd$

> **ポイント**
> 因数分解の公式
> ① $ax+ay = a(x+y)$
> ② $a^2+2ab+b^2 = (a+b)^2$
> ③ $a^2-2ab+b^2 = (a-b)^2$
> ④ $a^2-b^2 = (a+b)(a-b)$
> ⑤ $x^2+(a+b)x+ab = (x+a)(x+b)$
> ⑥ $acx^2+(ad+bc)x+bd = (ax+b)(cx+d)$

【練習問題】

問 1 次の式を展開しなさい。

(1) $2(2x+3y)$ (2) $-\dfrac{5}{4}(6x-8y)$ (3) $(-x+y)^2$

(4) $\left(\dfrac{1}{2}x+2y\right)^2$ (5) $(x+y+z)^2$ (6) $(4a-3b)^2$

(7) $\left(b^2-\dfrac{1}{b^2}\right)^2$ $(b \neq 0)$ (8) $(3a-b)(3a+b)$ (9) $\left(\dfrac{1}{2}x+2y\right)\left(\dfrac{1}{2}x-2y\right)$

(10) $(a-b-c)(a+b+c)$ (11) $(x+3)(x-6)$ (12) $\left(y-\dfrac{1}{2}\right)(y+4)$

(13) $\left(b-\dfrac{3}{2}\right)\left(b+\dfrac{5}{2}\right)$ (14) $\left(-\dfrac{3}{2}x+4\right)(4x-2)$ (15) $(-2x+y)(3x-6y)$

問 2 次の式を因数分解しなさい。

(1) $3a-6b$ (2) $at+bt+ct$ (3) $4ax+8bx+12cx$

(4) $2x^2+8x+8$ (5) $4x^2-12x+9$ (6) $8x^2-18y^2$

(7) x^2+6x-7 (8) x^2-x-6 (9) $2a^2-5ab+2b^2$

(10) $2x^2-5x-3$ (11) $14x^2-15xy+4y^2$ (12) $2ax^2-8a$

(13) $x^2+2x+1-y^2$ (14) $x^2+ax+2x+2a$ (15) $x^2+ax+x+2a-2$

3 連立方程式

【例題】

次の各問題文中の **A**〜**F** には，それぞれ−（負号）か 0〜9 の数字のいずれか一つが入る。適するものを選びなさい。

1 $\begin{cases} 3x+2y=13 \\ 2x+y=8 \end{cases}$ のとき，

$$x = \boxed{A}, \quad y = \boxed{B}$$

である。

2 $\begin{cases} x+y+z=2 \\ x-y+2z=7 \\ -x-2y+3z=4 \end{cases}$ のとき，

$$x = \boxed{C}, \quad y = \boxed{DE}, \quad z = \boxed{F}$$

である。

(▶解答は p.90)

> **ポイント**
>
> 連立方程式を解く際には，
> ① **加減法**：2つの式の和や差をとる。
> ② **代入法**：1つの文字について解いた結果を代入する。
>
> 以上のいずれかの方法を使って，文字を消去していく。

【練習問題】

問 1 次の連立方程式を解きなさい。

(1) $\begin{cases} x = 2y \\ 3x - 2y = 2 \end{cases}$
(2) $\begin{cases} 4x - 3y = 6 \\ 3x - 4y = 1 \end{cases}$
(3) $\begin{cases} x + 2y = 3 \\ 2x + 3y = 4 \end{cases}$

(4) $\begin{cases} 3x = 2y = z \\ x + 2y + 3z = 26 \end{cases}$
(5) $\begin{cases} 3x - 2y = 7 \\ -2x + 3y = -3 \end{cases}$
(6) $\begin{cases} -2x - 3y = -9 \\ 3x - 5y = -34 \end{cases}$

(7) $\begin{cases} 2x - y = 1 \\ 3x + 2y = 5 \end{cases}$
(8) $\begin{cases} 3x + 2y = 10 \\ 3x - y = 4 \end{cases}$
(9) $\begin{cases} -2x + 5y = 14 \\ x - 3y = -9 \end{cases}$

(10) $\begin{cases} -2x + 5y = 1 \\ 3x + 7y = 42 \end{cases}$
(11) $\begin{cases} 2x - y - 2z = -9 \\ -3x + y - 5z = -28 \\ -x + 2y - z = -1 \end{cases}$
(12) $\begin{cases} -x - y + z = 0 \\ x + y + z = 8 \\ 3x - y + 2z = 8 \end{cases}$

問 2 次の問題文中の **A〜D** には，それぞれ−（負号）か 0〜9 の数字のいずれか一つが入る。適するものを入れなさい。

(1) 連立方程式 $\begin{cases} 3x - 4y = 2 \\ ax + 5y = 11 \end{cases}$ が $x = 2$ を満たすとき，

$$y = \boxed{A}, \quad a = \boxed{B}$$

である。

(2) 連立方程式 $\begin{cases} 2x - y = 1 \\ 3x + 2y = 12 \end{cases}$ の解は，$\begin{cases} ax + by = 8 \\ bx - ay = 1 \end{cases}$ の解になっている。このとき，

$$a = \boxed{C}, \quad b = \boxed{D}$$

である。

4 一次不等式

【例題】

1 一次不等式 $3x+4 \geq 2(x-3)$ を解きなさい。

2 一次不等式 $-4x \geq 24$ を解きなさい。

(▶解答は p.92)

ポイント

不等式の両辺に負の数をかけると，不等号の向きが変わるので注意する。

不等式の性質

(1) $a>b$ ならば，

$$a+c>b+c$$
$$a-c>b-c$$

同じ数を足したり引いたりしても，不等号の向きは変わらない。

(2) $a>b$ かつ $c>0$ ならば，

$$ac>bc$$
$$\frac{a}{c}>\frac{b}{c}$$

正の数をかけたり，正の数で割ったりしても不等号の向きは変わらない。

(3) $a>b$ かつ $c<0$ ならば，

$$ac<bc$$
$$\frac{a}{c}<\frac{b}{c}$$

負の数をかけたり，負の数で割ったりすると不等号の向きは変わる。

【練習問題】

問1　次の一次不等式を解きなさい。

(1) $5x+3<18$

(2) $3x-3\geqq x-5$

(3) $5-x\leqq 3-2x$

(4) $3(3x+2)>2(2x-1)$

(5) $3(2x+3)\leqq 3x+3$

(6) $7x-2(2x-1)\geqq -3(-2x+3)+2x-9$

(7) $0.4x+0.7<0.3$

(8) $0.3x-0.5x<0.2x-0.3$

(9) $0.2x+0.6\leqq 0.6x+1$

(10) $0.3(x-1)\geqq 0.5+0.1x$

(11) $0.1(0.2x+0.3)<0.05$

(12) $-0.2(0.3x+0.5)\geqq 0.02x+0.07$

(13) $\dfrac{3}{2}x<-3$

(14) $x\geqq -\dfrac{1}{2}x+3$

(15) $\dfrac{x}{3}\leqq \dfrac{x}{2}-\dfrac{1}{2}$

(16) $\dfrac{2x-3}{3}\leqq \dfrac{3x-2}{4}$

(17) $\dfrac{4x+2}{7}<\dfrac{x+5}{4}+2$

一次不等式

5 二次方程式

【例題1】

1 二次方程式 $2x^2-5x+2=0$ を解きなさい。
2 二次方程式 $3x^2-5x+1=0$ を解きなさい。
3 二次方程式 $(x-2)^2=5$ を解きなさい。

(▶解答は p.93)

> **ポイント**
>
> 二次方程式を解くには
> ①まず因数分解ができるかどうか考える。
> 因数分解できない場合は，
> ②解の公式を使う。
> ③平方完成を考える。
>
> **解の公式**
> 実数係数の二次方程式 $ax^2+bx+c=0$ $(a\neq 0)$ の解は，
> $$x=\frac{-b\pm\sqrt{b^2-4ac}}{2a}$$
> である。

> **ポイント**
>
> 以下のような実数係数の二次方程式を考える。
> $$ax^2+bx+c=0 \quad (a\neq 0) \quad \cdots\cdots ①$$
> このとき，
> $$D=b^2-4ac$$
> を判別式と呼ぶ。判別式 D と方程式①には，以下の関係がある。
>
> $D>0$ のとき方程式①は，2つの相異なる実数解を持つ。
> $D=0$ のとき方程式①は，1つの実数解（重解）を持つ。
> $D<0$ のとき方程式①は，実数解を持たない（解なし）。

【練習問題 1】

問 1 次の二次方程式の実数解を求めなさい。

(1) $x^2-3x+2=0$

(2) $2x^2-7x+6=0$

(3) $3x^2+8x+5=0$

(4) $2x^2+3x-1=0$

(5) $-x^2+5x+6=0$

(6) $x^2-4x=0$

(7) $x^2-4=0$

(8) $3x^2-9=0$

(9) $6x^2+7x=0$

(10) $x^2-8x+16=0$

(11) $4x^2+4x+1=0$

(12) $x^2+x-1=0$

(13) $x^2+6x+4=0$

(14) $-x^2+4x-3=0$

(15) $-x^2+4x-4=0$

(16) $-x^2+4x-2=0$

(17) $2x^2-x-6=0$

(18) $6x^2+17x-3=0$

【例題2】

1 二次方程式 $2x^2+4x+1=0$ の2解を，α, β とする。このとき以下の値を求めなさい。

(1) $\alpha+\beta$

(2) $\alpha\beta$

(3) $\alpha^2+\beta^2$

(4) $\dfrac{1}{\alpha}+\dfrac{1}{\beta}$

2 二次方程式 $x^2+ax-a+1=0$ の2解が整数になるとき，その解の組合せを求めなさい。

（▶解答は p.95）

> **ポイント**
>
> 二次方程式の解と係数の関係
>
> 実数係数の二次方程式，
> $$ax^2+bx+c=0 \quad (a \neq 0)$$
> の2解（重解を含む）を α, β とするとき，この式の左辺は次のように変形できる。
> $$ax^2+bx+c=a(x-\alpha)(x-\beta)$$
> 右辺を展開して係数を比べれば，
> $$\alpha+\beta=-\dfrac{b}{a}, \quad \alpha\beta=\dfrac{c}{a}$$
> となることが分かる。
> この関係を二次方程式の解と係数の関係という。

【練習問題2】

問1 次の問題文中の **A**〜**K** には，それぞれ－（負号）か 0〜9 の数字のいずれか一つが入る。適するものを選びなさい。

(1) 二次方程式 $x^2+ax+b=0$ の2解が 3, 4 のとき，
$$a=\boxed{AB}, \quad b=\boxed{CD}$$
である。

(2) 二次方程式 $2x^2-ax+b=0$ の2解が $\frac{1}{2}$, 5 のとき，
$$a=\boxed{EF}, \quad b=\boxed{G}$$
である。

(3) 二次方程式 $x^2-4x+2=0$ の2解をそれぞれ α, β とするとき，$-\alpha$ と $-\beta$ を2解とする二次方程式は，
$$x^2+\boxed{H}x+\boxed{I}=0$$
であり，$\alpha+\beta$ と $\alpha\beta$ を2解とする二次方程式は，
$$x^2-\boxed{J}x+\boxed{K}=0$$
である。

問2 二次方程式 $2x^2-3x-1=0$ の2解を α, β とする。このとき以下の(1)〜(5)の式の値を求めなさい。

(1) $\alpha+\beta$
(2) $\alpha\beta$
(3) $(\alpha-\beta)^2$
(4) $\dfrac{\beta}{\alpha}+\dfrac{\alpha}{\beta}$
(5) $\alpha^3+\beta^3$

第1章 まとめの問題

次の問題文中の **A**〜**X**，**a**〜**x**，**ア**〜**カ**には，それぞれ－（負号）か0〜9の数値のいずれか一つが入る。適するものを入れなさい。

問1 a^4-b^4 の式で，$a=3+\sqrt{2}$，$b=3-\sqrt{2}$ のとき，
$$a^4-b^4=\boxed{ABC}\sqrt{\boxed{D}}$$
である。

問2 $(3+\sqrt{2})a+(1-2\sqrt{2})b=3+2\sqrt{2}$ のとき，
$$a=\frac{\boxed{E}}{\boxed{F}},\quad b=\frac{\boxed{GH}}{\boxed{I}}$$
である。

問3 $a=x^2+x-2$，$b=x^2-4x+3$，$x=2\sqrt{2}-3$ のとき，
$$a-b=\boxed{JK}\sqrt{2}-\boxed{LM},\quad \frac{b}{a}=\frac{\boxed{N}-\boxed{OP}\sqrt{2}}{\boxed{Q}}$$
である。

問4 $(\sqrt{3}x-\sqrt{2}y)^4$ を展開すると，
$$9x^4-\boxed{RS}\sqrt{\boxed{T}}x^3y+36x^2y^2-\boxed{U}\sqrt{\boxed{V}}xy^3+4y^4$$
となる。

問5 $x=\sqrt{3}+\sqrt{6}+3$, $y=\sqrt{3}+\sqrt{6}-3$ のとき，以下の値を求めなさい。

(1) $x+y=\boxed{W}(\sqrt{3}+\sqrt{6})$

(2) $x-y=\boxed{X}$

(3) $xy=\boxed{Y}\sqrt{2}$

(4) $x^2-y^2=\boxed{Za}(\sqrt{3}+\sqrt{6})$

(5) $x^2-2xy+y^2=\boxed{bc}$

(6) $\dfrac{y}{x}=\dfrac{\boxed{d}+\sqrt{2}-\sqrt{3}-\sqrt{6}}{\sqrt{\boxed{e}}}$

問6 連立方程式 $\begin{cases} 2x+y=a \\ \dfrac{x}{2}+3y=b \end{cases}$ について，以下の問いに答えなさい。

(1) $a=b$ のとき，
$$x=\dfrac{\boxed{f}}{\boxed{g}}y$$
である。

(2) $a=4$, $b-11=5$ のとき，
$$b=\boxed{h},\ x=\boxed{i},\ y=\boxed{j}$$
である。

問7 一次不等式 $\dfrac{3x-1}{x}-2<x-\dfrac{1}{x}$ を解くと，
$$x>\boxed{k}$$
である。

問8 2数 a, b があり，$a+b=4$, $ab=2$ であるとき，以下の値を求めなさい。
(ただし $a>b$)

(1) $a=\boxed{l}+\sqrt{\boxed{m}},\ b=\boxed{n}-\sqrt{\boxed{o}}$

(2) $a^2+b^2=(a+b)^2-\boxed{p}ab=\boxed{qr}$

(3) $\dfrac{a}{b}+\dfrac{b}{a}=\boxed{s}$

(4) $ab+\sqrt{2}a-2b-2\sqrt{2}=(a-\boxed{t})(b+\sqrt{\boxed{u}})=\boxed{v}\sqrt{\boxed{w}}$

問9 $(ax+b)^2=x^2-px+4$ の式で $\begin{cases} a<0 \\ b>0 \end{cases}$ のとき，
$$a=\boxed{xy},\ b=\boxed{z},\ p=\boxed{ア}$$
である。

問 11 $\begin{cases} 2x+y=p \\ x+2y=q \end{cases}$ という連立方程式において，

$p=7$, $q=8$ のとき，
$$x=\boxed{イ},\ y=\boxed{ウ},$$
$x=1$ $p=q-3$ のとき，
$$y=\boxed{エ},\ p=\boxed{オ},\ q=\boxed{カ}$$
である。

第 ② 章
二次関数

1 関数の定義と一次関数，二次関数

【例題】

次の各問題文中の **A**〜**H** には，それぞれ−（負号）か 0〜9 の数字のいずれか一つが入る。適するものを選びなさい。

関数 $f(x)=2x+3$ について答えなさい。

1 以下の値を求めなさい。

(1) $f(1)=\boxed{\text{A}}$ (2) $f(3)=\boxed{\text{B}}$ (3) $f(-5)=\boxed{\text{CD}}$

(4) $f(0)=\boxed{\text{E}}$ (5) $f\left(-\dfrac{3}{2}\right)=\boxed{\text{F}}$

2 $y=f(x)$ のグラフを x 軸の正方向に 3，y 軸の正方向に -1 だけ平行移動した直線を描く関数を $g(x)$ とおくと，

$$g(x)=\boxed{\text{G}}x-\boxed{\text{H}}$$

である。

(▶解答は p.98)

> **ポイント**
>
> **関数の定義**
>
> 2つの変数 x, y があり，x の値を定めると y の値もただ1つに定まるとき，y は x の関数であるといい $y=f(x)$ と表す。
> また，たとえば $x=1$ のときの $f(x)$ の値を $f(1)$ と表す。

> **ポイント**
>
> **関数の定義域・値域**
>
> 関数 $y=f(x)$ を考える。このとき，x のとりうる値の範囲を関数 $y=f(x)$ の定義域と呼ぶ。また，x が定義域内のすべての値をとるときの y の値の範囲を，関数 $y=f(x)$ の値域とよぶ。
>
> x の値の範囲→定義域
> y の値の範囲→値域

【練習問題】

次の問題文中の **A〜W** には，それぞれ－（負号）か 0〜9 の数字のいずれか一つが入る。適するものを入れなさい。

問 1 関数 $f(x)=x-4$ において，
$$f(8)=\boxed{A},\ f(0)=\boxed{BC},\ f\left(\frac{15}{2}\right)=\frac{\boxed{D}}{\boxed{E}}$$
である。

問 2 関数 $f(x)=2x+1$ を，y 軸方向に -2 だけ平行移動させた関数を $g(x)$ とおくと，
$$g(x)=2x-\boxed{F}$$
である。
また，$g(x)$ を x 軸方向に 3 だけ平行移動させた関数を $g'(x)$ とおくと，
$$g(x)=\boxed{G}\,x-\boxed{H}$$
である。

問 3 関数 $f(x)=ax-2$ において，$f(3)=-\frac{1}{2}$ のとき，
$$a=\frac{\boxed{I}}{\boxed{J}}$$
である。

問 4 関数 $f(x)=ax+b$ において，$f(2)=5$，$f(4)=9$ のとき，
$$a=\boxed{K},\ b=\boxed{L}$$
である。

問 5 二次関数 $y=x^2$ において，定義域が $3 \leq x \leq 4$ のとき，値域は，
$$\boxed{M} \leq y \leq \boxed{NO}$$
である。

問 6 二次関数 $y=-x^2+2x+1$ において，定義域が $2 \leq x \leq 4$ のとき，値域は，
$$\boxed{PQ} \leq y \leq \boxed{R}$$
である。

問 7 二次関数 $y=2x^2+3x+5$ において，定義域が $-3 \leq x \leq 4$ のとき，値域は，
$$\frac{\boxed{ST}}{\boxed{U}} \leq y \leq \boxed{VW}$$
である。

2　二次関数とそのグラフ

【例題】

次の各二次関数のグラフとして正しいものを①〜⑥の中から選びなさい。

1　$y = -x^2$　　　　**2**　$y = x^2 - 2x$　　　　**3**　$y = x^2 - 2x + 1$
4　$y = -x^2 - 4x - 3$　**5**　$y = x^2 + 2x - 3$　**6**　$y = -x^2 + 2x + 3$

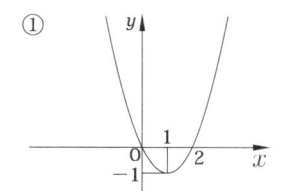

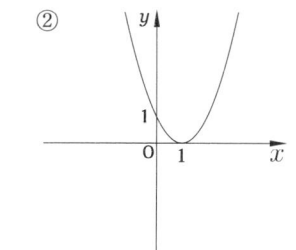

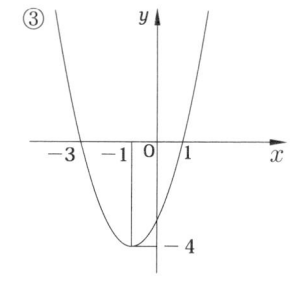

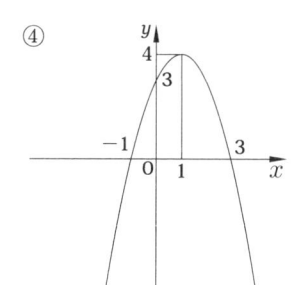

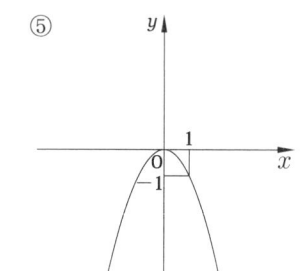

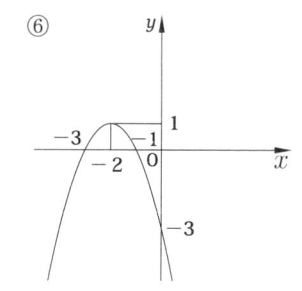

（▶解答は p.99）

ポイント

二次関数　$y = ax^2 + bx + c$　$(a \neq 0)$ において，

$$a > 0 \leftrightarrow グラフは下に凸$$
$$a < 0 \leftrightarrow グラフは上に凸$$

となる。
また，c は $x = 0$ のときの y の値を表し，グラフと y 軸の交点の数値を表す。

【練習問題】

問1 （　）の中の2つの選択肢のうち，正しい方に○をつけなさい。

二次関数 $y=ax^2+bx+c$ のグラフが右のようであるとき，a は（正・負）であり，c は（正・負）であり，二次方程式 $ax^2+bx+c=0$ は実数解を（1つ・2つ）持つ。

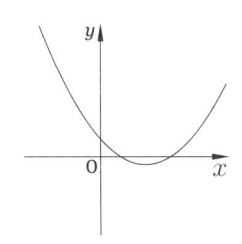

問2 次の問題文中の **A**〜**J** には，それぞれ①正　②負　③0のいずれかが入る。正しいものを選び，その番号を入れなさい。

(1) 二次関数 $y=ax^2+bx+c$ のグラフが右のようであるとき，
$a:\boxed{A}$, $b:\boxed{B}$, $c:\boxed{C}$,
$a+b+c:\boxed{D}$, $b^2-4ac:\boxed{E}$
である。

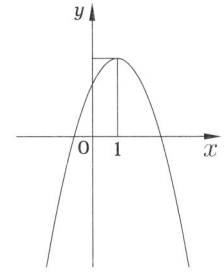

(2) 二次関数 $y=ax^2+bx+c$ のグラフが右のようであるとき，
$a:\boxed{F}$, $b:\boxed{G}$, $c:\boxed{H}$,
$4a+2b+c:\boxed{I}$, $b^2-4ac:\boxed{J}$
である。

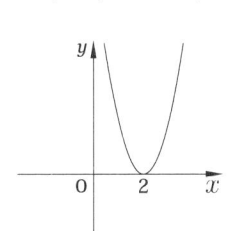

問3 （　）の中の2つの選択肢のうち，正しい方に○をつけなさい。

(1) 二次関数 $y=ax^2$ のグラフが右のようであるとき，$x\geqq 0$ では，x の値が増加すると，y の値は（増加・減少・減少したあと増加）する。

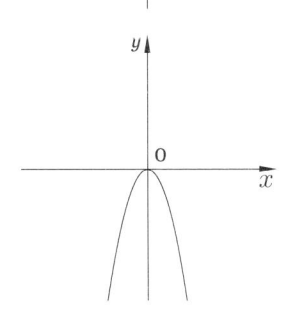

(2) 二次関数 $y=ax^2$ のグラフが右のようであるとき，$x\leqq 0$ では，x の値が増加すると，y の値は（増加・減少・減少したあと増加）する。

二次関数とそのグラフ　29

3 グラフの平行移動

【例題】

次の問題文中の **A～K** には，それぞれ－（負号）か 0～9 の数字のいずれか一つが入る。適するものを選びなさい。

1 右のグラフが表す関数の式は，
$$y=(x-\boxed{A})^2+\boxed{B}$$
である。これは $y=x^2$ のグラフを x 軸方向に $\boxed{C}$，y 軸方向に $\boxed{D}$ だけ平行移動したグラフを表す関数の式である。

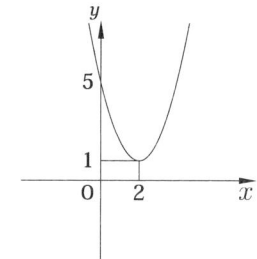

2 1の関数のグラフを x 軸方向に 2 だけ，y 軸方向に 2 だけ平行移動したグラフを表す関数の式は，
$$y=(x-\boxed{E})^2+\boxed{F}$$
である。

3 1の関数の定義域を $3<x<5$ とすると，値域は $\boxed{G}<y<\boxed{H}\boxed{I}$ であり，定義域を $1\leqq x\leqq 3$ とすると，値域は $\boxed{J}\leqq y\leqq \boxed{K}$ となる。

（▶解答は p.100）

ポイント

グラフの平行移動

関数 $y=f(x)$ のグラフを x 軸方向に p，y 軸方向に q だけ平行移動したグラフを表す関数の式は，
$$y=f(x-p)+q$$
である。
ただし "x 軸方向" "y 軸方向" と表現した場合は，x 軸の正方向，y 軸の正方向を意味している。

ポイント

二次関数の表し方（ただし，いずれも $a\neq 0$）

その1 （一般形） $\quad y=ax^2+bx+c$

その2 （頂点を明示する形） $\quad y=a(x-p)^2+q \quad \left(y=a\left(x+\dfrac{b}{2a}\right)^2+c-\dfrac{b^2}{4a}\right)$

　　　このとき，頂点の座標は，$(p,\ q)$ もしくは $\left(-\dfrac{b}{2a},\ c-\dfrac{b^2}{4a}\right)$ である。

その3 （x 軸との交点を明示する形） $\quad y=a(x-\alpha)(x-\beta) \quad (b^2-4ac\geqq 0$ のとき$)$

　　　このとき，x 軸との交点の座標は，$(\alpha,\ 0),\ (\beta,\ 0)$ である。

第2章　二次関数

【練習問題】

次の問題文中の **A〜X** には，それぞれ－（負号）か 0〜9 の数字のいずれか一つが入る。適するものを選びなさい。

問 1 右のグラフが表す関数の式は，
$$y = \boxed{A}\left(x - \frac{3}{2}\right)^2 - 4$$
であり，これを一般形に直すと
$$y = \boxed{B}x^2 - \boxed{CD}x + 5$$
である。

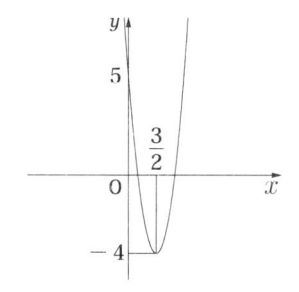

問 2 二次関数 $y = x^2 - 4x + 3$ のグラフがある。この関数は，
$$y = (x - \boxed{E})^2 - \boxed{F}$$
と変形でき，グラフの頂点の座標が，
$$(\boxed{G}, \boxed{HI})$$
であることがわかる。

また，このグラフを x 軸方向に 1，y 軸方向に -1 だけ平行移動したグラフを表す関数の式は，
$$y = (x - \boxed{J})^2 - \boxed{K}$$
であり，一般形に直すと，
$$y = x^2 - \boxed{L}x + \boxed{M}$$
である。

問 3 二次関数 $y = 2x^2 + 4x + 1$ のグラフを x 軸方向に -1，y 軸方向に -2 だけ平行移動したものは，
$$y = 2x^2 + \boxed{N}x + \boxed{O}$$
である。

問 4 二次関数 $y = -x^2 + 6x + 4$ のグラフを，それぞれ，x 軸方向に $\boxed{PQ}$，y 軸方向に $\boxed{RST}$ だけ平行移動すれば，二次関数 $y = -x^2$ のグラフになる。

問 5 二次関数 $y = -2x^2 + 8x - 4$ のグラフを，それぞれ，x 軸方向に $\boxed{UV}$，y 軸方向に $\boxed{WX}$ だけ平行移動すれば，二次関数 $y = -2x^2 - 12x - 23$ のグラフと重なる。

グラフの平行移動

4 頂点と軸，最大値，最小値

【例題】

次の各問題文中の **A〜U** には，それぞれ−（負号）か 0〜9 の数字のいずれか一つが入る。適するものを選びなさい。

1. 次の図は二次関数 $y=(x-1)^2-1$ のグラフである。
   このグラフの軸は $x=$ A ，頂点は（ B ， CD ）である。
   図より y は $x=$ E のとき，最小値 FG をとることがわかる。
   また，y 軸との交点座標は $(0,$ H $)$ であり，
   x 軸との交点座標は（ I $,0$）,（ J $,0$）である。

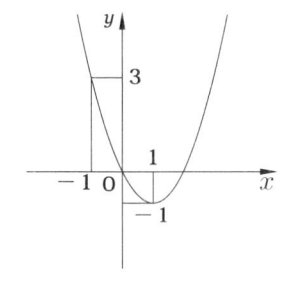

2. 二次関数 $y=x^2+4x$ のグラフについて考える。
   軸の方程式は $x=$ KL ，頂点の座標は（ MN ， OP ）である。
   x がすべての実数値をとるとすると，y の最小値は QR であるが，定義域を $1 \leq x \leq 3$ とすると，y の最小値は S ，最大値は TU となる。

（▶解答は p.101）

ポイント

二次関数 $y=ax^2+bx+c$ $(a \neq 0)$ のグラフにおいて，c は，グラフと y 軸との交点の y 座標の値である。
二次関数 $y=a(x-p)^2+q$ $(a \neq 0)$ のグラフにおいて，軸の方程式は $x=p$，頂点の座標は (p, q) であり，$a>0$ $(a<0)$ のとき，$x=p$ において最小値（最大値）q をとる。
二次関数 $y=a(x-\alpha)(x-\beta)$ $(a \neq 0)$ のグラフにおいて，α, β はグラフと x 軸との交点の x 座標の値である。

【練習問題】

次の各問題文中の **A~Z，a** には，それぞれ－（負号）か0~9の数字のいずれか一つが入る。適するものを選びなさい。

問1 二次関数 $y=x^2+4x+8$ について，$y=(x+\boxed{A})^2+\boxed{B}$ と変形できるので，このグラフの頂点は（$-\boxed{C}$, $\boxed{D}$）である。

また，定義域を $-2 \leqq x \leqq 0$ とすると最小値は $\boxed{E}$，最大値は $\boxed{F}$，定義域を $-3 \leqq x \leqq 1$ とすると最小値は $\boxed{G}$，最大値は $\boxed{HI}$ となる。

問2 二次関数 $y=x^2-3$ のグラフを x 軸方向に2，y 軸方向に1だけ平行移動したグラフの軸の方程式は $x=\boxed{J}$ であり，頂点は（$\boxed{K}$, $-\boxed{L}$），y 軸との交点は（0, $\boxed{M}$）である。また，そのグラフの表す二次関数は $y=x^2-\boxed{N}x+\boxed{O}$ である。

問3 二次関数 $y=-x^2+10x-22$ について考える。このグラフの頂点は（$\boxed{P}$, $\boxed{Q}$）である。

x の定義域を $-1 \leqq x \leqq 6$ とすると，y の値域は $\boxed{RST} \leqq y \leqq \boxed{U}$ となる。

また，x の定義域を $1 \leqq x \leqq 3$ とすると，最小値は $\boxed{VWX}$，最大値は $\boxed{YZ}$ となる。

問4 二次関数 $y=x^2+ax+b$ について考える。この二次関数は $x=-2$ のとき，最小値をとることがわかっている。このとき，a の値は $\boxed{a}$ である。

5 グラフの決定

【例題】

次の各問題文中の **A〜L** には，それぞれ−（負号）か 0〜9 の数字のいずれか一つが入る。適するものを選びなさい。

1 二次関数 $y=ax^2+bx+c$ のグラフが 3 点 $(0, -3)$ $(2, 5)$ $(-3, 0)$ を通るとき，
$$a=\boxed{A}, \quad b=\boxed{B}, \quad c=\boxed{CD},$$
である。

2 二次関数 $y=a(x-p)^2+q$ のグラフの頂点が $(1, 3)$，y 軸との交点が $(0, 2)$ のとき，
$$a=\boxed{EF}, \quad p=\boxed{G}, \quad q=\boxed{H},$$
である。

3 二次関数 $y=a(x-\alpha)(x-\beta)$ のグラフが $(3, -3)$ を通り，x 軸との交点が $(0, 0)$，$(2, 0)$ のとき，
$$a=\boxed{IJ}, \quad \alpha=\boxed{K}, \quad \beta=\boxed{L},$$
である。（ただし $\alpha<\beta$ とする。）

（▶解答は p.102）

ポイント

二次関数の決定

グラフ上の 3 点が与えられる ⇒ $y=ax^2+bx+c$ に 3 点の座標を代入し連立方程式を作り，それを解く。（例題 1）

頂点の座標や軸の方程式が与えられる ⇒ $y=a(x-p)^2+q$ の形にする。（例題 2）

x 軸との交点が与えられる ⇒ $y=a(x-\alpha)(x-\beta)$ の形にする。（例題 3）

【練習問題】

問1 次の各問題文中の **A〜K** には，それぞれ－（負号）か 0〜9 の数字のいずれか一つが入る。適するものを選びなさい。

(1) 二次関数 $y = ax^2 + bx + c$ のグラフが 3 点 $(-2, 2)$，$(2, 2)$，$(4, -1)$ を通るとすれば，

$$a = \frac{\boxed{AB}}{\boxed{C}}, \quad b = \boxed{D}, \quad c = \boxed{E},$$

である。

(2) 二次関数 $y = ax^2 + bx + c$ のグラフが，3 点 $(1, 3)$，$(0, -2)$，$(-1, -2)$ を通るとすれば，

$$a = \frac{\boxed{F}}{\boxed{G}}, \quad b = \frac{\boxed{H}}{\boxed{I}}, \quad c = \boxed{JK},$$

である。

問2 グラフが次の条件を満たす二次関数を求めなさい。

(1) 3 点 $(-2, 2)$，$(2, 2)$，$(4, -1)$ を通る。

(2) 3 点 $(0, 0)$，$(1, -1)$，$(-1, -1)$ を通る。

(3) 頂点座標が $\left(\dfrac{1}{2}, \dfrac{3}{2}\right)$ で，点 $(2, 6)$ を通る。

(4) 頂点座標が $(1, 2)$ で，y 軸との交点座標が $(0, 5)$ である。

(5) 頂点座標が $(-2, 1)$ で，y 軸との交点座標が $(0, 5)$ である。

(6) $y = \dfrac{1}{2}x^2$ のグラフを平行移動したもので，x 軸との交点の x 座標が -1 と 5 である。

6 二次不等式

【例題】

1 二次不等式 $(x+3)(x-3)<0$ を解きなさい。

2 二次不等式 $x^2-4x+3>0$ を解きなさい。

(▶解答は p.103)

ポイント

二次不等式 $ax^2+bx+c>0\ (<0)\ (a>0)$ を解くには，二次関数 $y=ax^2+bx+c$ のグラフと x 軸との位置関係を考えるとよい。

① 二次方程式 $ax^2+bx+c=0$ が異なる2つの実数解，$\alpha,\ \beta$ をもつ場合，$\alpha<\beta$ のとき，

1-1 $ax^2+bx+c>0$ の解は $x<\alpha,\ \beta<x$

1-2 $ax^2+bx+c<0$ の解は $\alpha<x<\beta$

1-1
x が図に示した範囲にある場合は，$y=ax^2+bx+c$ の値が 0 より大きくなっている。これを式で表すと，

$$x<\alpha,\ \beta<x$$

となる。

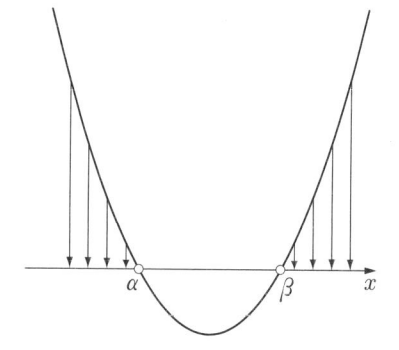

1-2
x が図に示した範囲にある場合は，$y=ax^2+bx+c$ の値が 0 より小さくなっている。これを式で表すと，

$$\alpha<x<\beta$$

となる。

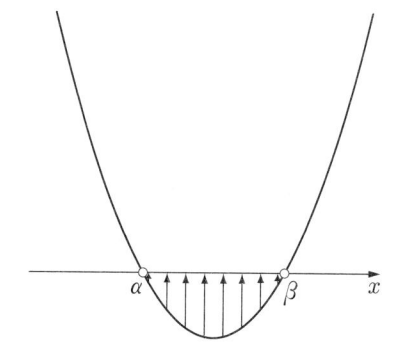

② 二次方程式 $ax^2+bx+c=0$ が重解 $α$ をもつ場合

2-1　$ax^2+bx+c>0$ の解は $α$ 以外の実数
2-2　$ax^2+bx+c<0$ は解なし

2-1
x が図に示した範囲にある場合は，$y=ax^2+bx+c$ の値は，$x=α$ のとき 0 になり，それ以外のときは，0 より大きくなっている。
よって，解は $α$ 以外のすべての実数となる。

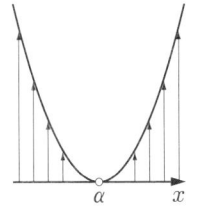

2-2
右の図のように x がどのような値であっても，
$y=ax^2+bx+c$ の値は，0 より小さくなることはありえない。
よって解なしとなる。

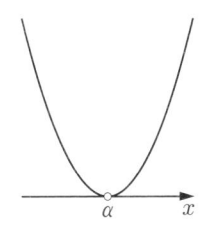

③ 二次方程式 $ax^2+bx+c=0$ が解をもたない場合

3-1　$ax^2+bx+c>0$ の解はすべての実数
3-2　$ax^2+bx+c<0$ は解なし

3-1，3-2
$y=ax^2+bx+c$ のグラフと，x 軸の位置関係は図のようになり，y は常に 0 より大きくなる。よって，解はすべての実数となる。
逆に y が 0 より小さくなることはあり得ない。よって，3-2 は解なしとなる。

また，$a<0$ の場合をまとめると，以下のようになる。

①′　二次方程式 $ax^2+bx+c=0$ が異なる2つの実数解 α, β をもち，$\alpha<\beta$ の場合

1-1′　$ax^2+bx+c>0$ の解は $\alpha<x<\beta$
1-2′　$ax^2+bx+c<0$ の解は $x<\alpha$, $\beta<x$

②′　二次方程式 $ax^2+bx+c=0$ が重解 α をもつ場合

2-1′　$ax^2+bx+c>0$ は解なし
2-2′　$ax^2+bx+c<0$ の解は α 以外のすべての実数

③′　二次方程式 $ax^2+bx+c=0$ が解をもたない場合

3-1′　$ax^2+bx+c>0$ は解なし
3-2′　$ax^2+bx+c<0$ の解はすべての実数

【練習問題】
問1　次の二次不等式を解きなさい。

(1)　$(x+1)(x-2)>0$　　　(2)　$x^2-8x+15<0$　　　(3)　$x^2-9\geqq 0$

(4)　$x^2+\dfrac{5}{2}x+1\leqq 0$　　　(5)　$2x^2-5x+2>0$　　　(6)　$3x^2-5x+2<0$

(7)　$-x^2+6x-5\geqq 0$　　　(8)　$x^2+x-1<0$　　　(9)　$-3x^2+6x\geqq 0$

(10)　$x^2-2x+3>0$　　　(11)　$x^2+4x+2\geqq 0$

問2 次の問題文中の **A**〜**J** には，それぞれ−（負号）か 0〜9 の数字のいずれか一つが入る。適するものを選びなさい。

(1) 二次関数 $y = x^2 - 4x - k$ のグラフと，x 軸との交点の数について考える。交わらない場合の k の値の範囲は，
$$k < \boxed{\text{AB}}$$
である。1個になる値の範囲は，
$$k = \boxed{\text{CD}}$$
である。2個になる値の範囲は，
$$k > \boxed{\text{EF}}$$
である。

(2) 二次関数 $y = 2x^2 - 4x + 4$ のグラフと，一次関数 $y = \dfrac{1}{2}x + k$ のグラフが異なる 2 点で交わるとき，k の値の範囲は，
$$k > \dfrac{\boxed{\text{GH}}}{\boxed{\text{IJ}}}$$
である。

第2章　まとめの問題

次の問題文中の **A〜Z**，**a〜j** には，それぞれ－（負号）か0〜9の数字のいずれか一つが入る．適するものを入れなさい．

問1 二次関数 $y=x^2-4x-6$ のグラフを直線 $x=0$ に関して対称となるように移動させたとき，そのグラフをもつ二次関数は，

$$y=(x+\boxed{A})^2-\boxed{BC}$$
$$y=x^2+\boxed{D}x-\boxed{E} \qquad \cdots\cdots ①$$

である．

また，①のグラフを直線 $x=1$ に関して対称となるように移動させるとき，そのグラフをもつ二次関数は，

$$y=x^2-\boxed{F}x+\boxed{G} \qquad \cdots\cdots ②$$

であり，

②のグラフを直線 $y=1$ に関して対称となるように移動させるとき，そのグラフをもつ二次関数は，

$$y=-x^2+8x-\boxed{H} \qquad \cdots\cdots ③$$

である．

③のグラフは二次関数 $y=-x^2-4x-6$ のグラフを，x 軸方向に $\boxed{I}$，y 軸方向に $\boxed{JK}$ だけ平行移動したものに等しい．

問2 k を定数とし，二次関数 $y=\dfrac{1}{2}x^2+x+k$ について考える．

(1) 二次不等式 $\dfrac{1}{2}x^2+x+k<0$ の解が $-3<x<1$ のとき，$k=\boxed{L}\dfrac{\boxed{M}}{\boxed{N}}$ である．

(2) 二次不等式 $\dfrac{1}{2}x^2+x+k<0$ を満たす x の値が存在するような k の値の範囲は，$k<\dfrac{\boxed{O}}{\boxed{P}}$ である．

問3 二次関数 $y=x^2+ax+b$ について考える．

$(-2, -3)$，$(-5, 0)$ を通るとき，$a=\boxed{Q}$，$b=\boxed{R}$ であり，そのグラフの頂点の座標は $(\boxed{ST}, \boxed{UV})$ である．

問4 二次関数 $y=2x^2-4ax+2$ について考える。

(1) この二次関数のグラフが x 軸と異なる 2 点で交わるとき，a の値の範囲は，$a<$ WX ，Y $<a$ である。

(2) 定義域を $0\leqq x\leqq 1$ とした場合の最大値と最小値を求める場合，$a\geqq 1$ のときの最大値は Z ，$a\leqq 0$ のときの最小値は a である。

問5 図のような一次関数 $y=x-1$ と二次関数 $y=x^2-4x+3$ のグラフを考える。x，y が図中の斜線部分の値をとりうるとき，一次関数 $y=2x+k$ の k の値の範囲は，

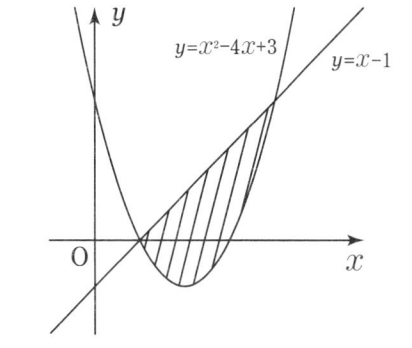

$$\boxed{bc}\leqq k\leqq \boxed{de}$$

また，一次関数 $y=\dfrac{1}{2}x+\ell$ の ℓ の値の範囲は，

$$-\dfrac{\boxed{fg}}{\boxed{hi}}\leqq \ell \leqq \boxed{j}$$

である。

第3章
図形と計量

1 三角比（正弦，余弦，正接）

【例題】

1 次の問題文中の **A〜Q** には，それぞれ−（負号）か0〜9の数字のいずれか一つが入る。適するものを入れなさい。

$A = \boxed{AB}°$, $B = \boxed{CD}°$, $C = \boxed{EF}°$

$\sin A = \dfrac{\boxed{G}}{\boxed{H}}$, $\cos A = \dfrac{\sqrt{\boxed{I}}}{\boxed{J}}$, $\tan A = \dfrac{\sqrt{\boxed{K}}}{\boxed{L}}$

$\sin C = \dfrac{\sqrt{\boxed{M}}}{\boxed{N}}$, $\cos C = \dfrac{\boxed{O}}{\boxed{P}}$, $\tan C = \sqrt{\boxed{Q}}$

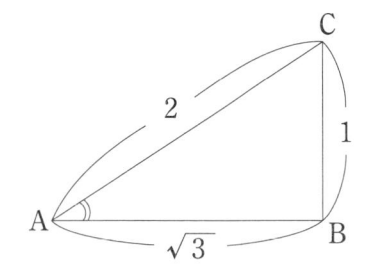

2 下の三角比の表を完成させなさい。

θ	0°	30°	45°	60°	90°	120°	135°	150°	180°
$\sin \theta$									
$\cos \theta$									
$\tan \theta$									

3 次の各問題文中の **A〜V** には，それぞれ−（負号）か0〜9の数字のいずれか一つが入る。適するものを入れなさい。

(1) $\sin^2 30° = \dfrac{\boxed{A}}{\boxed{B}}$, $\cos^2 30° = \dfrac{\boxed{C}}{\boxed{D}}$, $\sin^2 30° + \cos^2 30° = \boxed{E}$

$\sin^2 45° = \dfrac{\boxed{F}}{\boxed{G}}$, $\cos^2 45° = \dfrac{\boxed{H}}{\boxed{I}}$, $\sin^2 45° + \cos^2 45° = \boxed{J}$

$\sin^2 120° = \dfrac{\boxed{K}}{\boxed{L}}$, $\cos^2 120° = \dfrac{\boxed{M}}{\boxed{N}}$, $\sin^2 120° + \cos^2 120° = \boxed{O}$

(2) $\sin 60° = \dfrac{\sqrt{\boxed{P}}}{\boxed{Q}}$, $\cos 60° = \dfrac{\boxed{R}}{\boxed{S}}$, $\dfrac{\sin 60°}{\cos 60°} = \sqrt{\boxed{T}} = \tan \boxed{UV}°$

（►解答は p.105）

＊頂点 **A** に対する角度を∠**A** と表し，その値を *A* とする。

> **ポイント**
>
> $\sin\theta$（正弦：サイン），$\cos\theta$（余弦：コサイン），$\tan\theta$（正接：タンジェント）の間には，以下の関係が成り立つ。
>
> ① $\tan\theta = \dfrac{\sin\theta}{\cos\theta}$
>
> ② $\sin^2\theta + \cos^2\theta = 1$
>
> 通常，$(\sin\theta)^2$，$(\cos\theta)^2$ を $\sin^2\theta$，$\cos^2\theta$ と表す。
>
> これらを用いることにより，$\sin\theta$，$\cos\theta$，$\tan\theta$ のうちの1つの値から他の2つの値を求めることができる。

【練習問題】

次の各問題文中の **A**～**Z**，**a**～**f** には，それぞれ－（負号）か0～9の数字のいずれか一つが入る。適するものを選びなさい。

問1 鋭角三角形（3つの内角がすべて90°未満の三角形）ABCがある。$\sin A = \dfrac{\sqrt{5}}{3}$ のとき，以下の値を求めなさい。

(1) $\sin^2 A = \dfrac{\boxed{A}}{\boxed{B}}$ (2) $\cos^2 A = \dfrac{\boxed{C}}{\boxed{D}}$ (3) $\cos A = \dfrac{\boxed{E}}{\boxed{F}}$ (4) $\tan A = \dfrac{\sqrt{\boxed{G}}}{\boxed{H}}$

問2 △ABCにおいて，$\cos B = \dfrac{2\sqrt{2}}{3}$ のとき，$\sin B = \dfrac{\boxed{I}}{\boxed{J}}$ である。

問3 △ABCにおいて，$\tan C = 2$ である。このとき，
$$\sin C = \boxed{K} \cos C$$
より，
$$\boxed{L} \cos^2 C = 1$$
$$\tan C > 0$$
であるので，
$$0° < C < 90°$$
$$\therefore \cos C = \dfrac{\sqrt{\boxed{M}}}{\boxed{N}},\ \sin C = \dfrac{\boxed{O}\sqrt{\boxed{P}}}{\boxed{Q}}$$

問4 $\sin\theta = \dfrac{4}{5}$ で，θ が鋭角の場合，$\cos\theta = \dfrac{\boxed{R}}{\boxed{S}}$，$\tan\theta = \dfrac{\boxed{T}}{\boxed{U}}$ である。また θ が鈍角の場合，$\cos\theta = \boxed{V}\dfrac{\boxed{W}}{\boxed{X}}$，$\tan\theta = \boxed{Y}\dfrac{\boxed{Z}}{\boxed{a}}$ である。

問5 $\tan\theta = -\dfrac{\sqrt{3}}{3}$ で，$0° \leqq \theta \leqq 180°$ とすると，$\sin\theta = \dfrac{\boxed{b}}{\boxed{c}}$，$\cos\theta = \boxed{d}\dfrac{\sqrt{\boxed{e}}}{\boxed{f}}$ である。

三角比（正弦，余弦，正接）

2 正弦定理

【例題】

1 次の問題中の **A〜W** には，それぞれ−（負号）か0〜9の数字のいずれか一つが入る。適するものを選びなさい。

$A=45°$，AC$=6$，BC$=2\sqrt{6}$ の鋭角三角形 ABC とその外接円がある。B，C および外接円の半径 R を求める。

正弦定理により，

$$\frac{\boxed{A}\sqrt{\boxed{B}}}{\sin \boxed{CD}°}=\frac{\boxed{E}}{\sin B}=2R$$

$\sin B=\dfrac{\sqrt{\boxed{F}}}{\boxed{G}}$，よって，$B=\boxed{HI}°$，$C=\boxed{JK}°$

となる。
また半径 R は，

$$R=\boxed{L}\sqrt{\boxed{M}}$$

である。AB の長さは，

$$\text{AB}=\boxed{N}\cos\boxed{OP}°+\boxed{Q}\sqrt{\boxed{R}}\cos\boxed{ST}°$$
$$=\boxed{U}\sqrt{\boxed{V}}+\sqrt{\boxed{W}}$$

となる。

（►解答は p.106）

ポイント

正弦定理

△ABC において次が成り立つ。

$$\frac{a}{\sin A}=\frac{b}{\sin B}=\frac{c}{\sin C}=2R$$

（R は △ABC の外接円の半径）

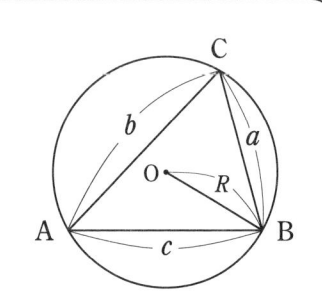

【練習問題】

次の各問題文中の **A〜N** には，それぞれ−（負号）か 0〜9 の数字のいずれか一つが入る。適するものを入れなさい。

問 1 △ABC において，$A=30°$，$a=3$，$c=4$ のとき，
$$\sin C = \frac{\boxed{A}}{\boxed{B}}, \quad b = \boxed{C}\sqrt{\boxed{D}} + \sqrt{\boxed{E}}$$
である。

問 2 △ABC において，$A=45°$，$B=60°$，$a=6$ のとき，
$$b = \boxed{F}\sqrt{\boxed{G}},$$
△ABC の外接円の半径は，
$$\boxed{H}\sqrt{\boxed{I}}$$
である。

問 3 △ABC において，$A=50°$，$B=70°$，$c=9$ のとき，この三角形の外接円の半径は，
$$\boxed{J}\sqrt{\boxed{K}}$$
である。

問 4 直径 8 の円に △ABC が内接している。$a=8$ のとき，
$$\sin A = \boxed{L}$$
であり，
$$A = \boxed{MN}°$$
である。

3 余弦定理

【例題】

1 次の問題文中の **A**～**I** には，それぞれ－（負号）か 0～9 の数字のいずれか一つが入る。適するものを選びなさい。

△ABC において，$C=120°$，$a=3$，$b=5$ のとき，c を求める。

余弦定理により，

$$c^2 = \boxed{A} + \boxed{BC} - \boxed{DE} \cdot \left(-\dfrac{\boxed{F}}{2}\right)$$

$$= \boxed{GH}$$

よって，

$$c = \boxed{I}$$

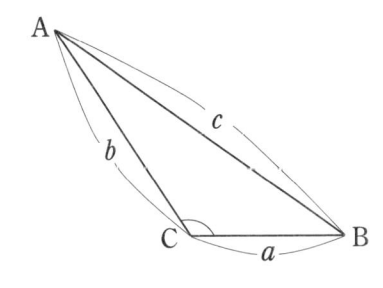

（►解答は p.107）

ポイント

余弦定理

△ABC において次が成り立つ。

$$a^2 = b^2 + c^2 - 2bc \cos A$$
$$b^2 = c^2 + a^2 - 2ca \cos B$$
$$c^2 = a^2 + b^2 - 2ab \cos C$$

また，以下の関係が成り立つ。

$$\cos A = \dfrac{b^2 + c^2 - a^2}{2bc}$$

$$\cos B = \dfrac{c^2 + a^2 - b^2}{2ca}$$

$$\cos C = \dfrac{a^2 + b^2 - c^2}{2ab}$$

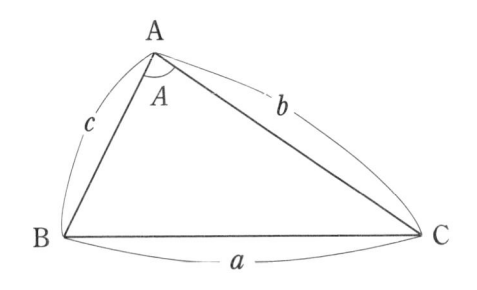

【練習問題】

問1 次の各問題文中の **A**〜**Z** には，それぞれ−か0〜9の数字のいずれか一つが入る。適するものを選びなさい。

(1) △ABC において，$a=4$, $b=3$, $C=60°$ のとき，
$$c=\sqrt{\boxed{AB}}$$
である。

(2) △ABC において，$a=3$, $b=\sqrt{2}$, $C=45°$ のとき，
$$c=\sqrt{\boxed{C}}$$
である。

(3) △ABC において，$a=2$, $b=3$, $c=4$ のとき，
$$\cos A=\frac{\boxed{D}}{\boxed{E}}, \quad \cos B=\frac{\boxed{FG}}{\boxed{HI}}, \quad \cos C=\frac{\boxed{JK}}{\boxed{L}}$$
である。

(4) △ABC において，$a^2=b^2+c^2$ となるとき，A の値は，$\boxed{MN}°$ である。

(5) △ABC において，$B=60°$, $b=7$, $c=8$ のとき，
$$\cos C=\frac{\boxed{O}}{\boxed{P}}, \quad \cos A=\frac{\boxed{QR}}{\boxed{ST}}$$
もしくは，
$$\cos C=-\frac{\boxed{U}}{\boxed{V}}, \quad \cos A=\frac{\boxed{WX}}{\boxed{YZ}}$$
となる。

問2 次のような辺を持つ △ABC は，鋭角三角形，直角三角形，鈍角三角形のいずれであるか，それぞれ答えなさい。

(1) $a=5$　$b=12$　$c=13$
(2) $a=5$　$b=7$　$c=6$
(3) $a=4$　$b=5$　$c=8$

4 三角形の面積

【例題】

1 次の問題文中の **A**～**F** には，それぞれ－（負号）か 0～9 の数字のいずれか一つが入る。適するものを選びなさい。

△ABC（$b=6$，$c=10$，$A=30°$）の面積 S を求める。
点 C から辺 AB におろした垂線の足を H とすると，
$$S=\frac{1}{2}\text{AB}\cdot\text{CH}$$
と表せる。ここで，
$$\text{CH}=\boxed{\textbf{A}}\sin\boxed{\textbf{BC}}°=\boxed{\textbf{D}}$$
よって，
$$S=\boxed{\textbf{EF}}$$

2 △ABC の 3 辺がそれぞれ $a=\sqrt{5}$，$b=3$，$c=4$ である。△ABC の面積を求めなさい。

（▶解答は p.108）

ポイント

三角形の面積

△ABC の面積を S とおくと，以下の関係が成り立つ。

$$S=\frac{1}{2}bc\sin A$$
$$=\frac{1}{2}ca\sin B$$
$$=\frac{1}{2}ab\sin C$$

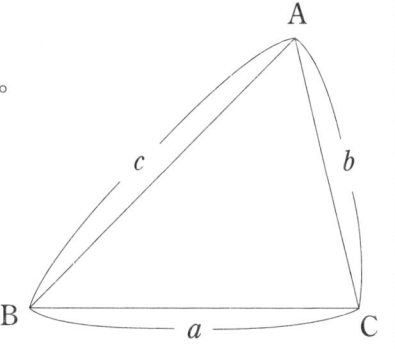

また，三角形の 3 辺がわかっているときは，余弦定理を用いて，コサイン（cos）の値を求め，その値を用いて，サイン（sin）の値を求める。そのサイン（sin）の値を上記の面積の公式に代入することにより，三角形の面積を求めることができる。

【練習問題】

次の各問題文中の **A〜Q** には，それぞれ－か 0〜9 の数字のいずれか一つが入る．適するものを選びなさい．

問 1 △ABC において，$b=2\sqrt{3}$，$c=4$，$A=60°$ のとき，△ABC の面積は $\boxed{A}$ である．

問 2 △ABC において，$a=2$，$c=2\sqrt{2}$，$B=45°$ のとき，△ABC の面積は $\boxed{B}$ である．

問 3 △ABC において，$a=b=3$，$A=30°$ のとき，△ABC の面積は $\dfrac{\boxed{C}\sqrt{\boxed{D}}}{\boxed{E}}$ である．

問 4 四角形 ABCD において，AB=2，BC=3，CD=$\sqrt{3}$，DA=4，$A=30°$，$C=60°$ のとき，四角形 ABCD の面積は $\dfrac{\boxed{FG}}{\boxed{H}}$ である．

問 5 △ABC において，AB=5，BC=6，CA=7 とする．

(1) $\cos C = \dfrac{\boxed{I}}{\boxed{J}}$ である．

(2) $\sin C = \dfrac{\boxed{K}\sqrt{\boxed{L}}}{\boxed{M}}$ である．

(3) △ABC の面積は，$\boxed{N}\sqrt{\boxed{O}}$ である．

(4) △ABC の外接円の直径は，$\dfrac{\boxed{PQ}\sqrt{6}}{12}$ である．

第3章 まとめの問題

次の問題文中の **A**～**S** には，それぞれ－（負号）か0～9の数字のいずれか一つが入る。適するものを入れなさい。

問1 鋭角三角形 ABC において，AB＝3，BC＝5，$\sin B = \dfrac{3}{5}$ とする。

(1) $\cos B = \dfrac{\boxed{A}}{\boxed{B}}$ である。

(2) $CA = \sqrt{\boxed{CD}}$ である。

(3) △ABC の面積は $\dfrac{\boxed{E}}{\boxed{F}}$ である。

(4) △ABC の外接円の半径は $\dfrac{\boxed{G}}{\boxed{H}}\sqrt{\boxed{IJ}}$ である。

問2 △ABC において，AB：BC：CA＝2：3：4 とする。

(1) $\cos B = -\dfrac{\boxed{K}}{\boxed{L}}$ である。

(2) この三角形の面積が $3\sqrt{15}$ のとき，AB＝$\boxed{M}$ である。

問3 △ABC において，3辺 a，b，c の長さの比が，$a:b:c=2:3:4$ のとき，以下の値を求めなさい。

$$\dfrac{\sin^2 B + \sin^2 C}{\sin^2 A} = \dfrac{\boxed{NO}}{\boxed{P}}$$

問4 図のような △ABC において，AB＝6，AC＝5，$A=60°$，辺 BC の中点を M とする。このとき線分 AM の長さは，

$$\dfrac{\sqrt{\boxed{QR}}}{\boxed{S}}$$

である。

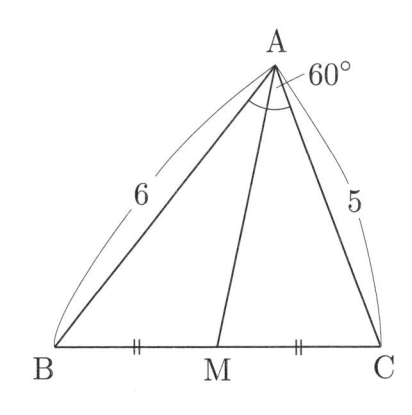

第4章
平面図形

1 相似と内分

【例題】

次の各問題文中の **A〜M** には，それぞれ 0〜9 の数字かアルファベット P〜V のいずれかが入る。適するものを入れなさい。

1 ①，②の三角形において，①の三角形 △PQS と相似な三角形は △ABC, △DEF, ②の △PQS と相似な三角形は △GHI である。

2 ②の三角形において QS=9, QR=12 のとき，

   TU=J, TV=K

である。

また点 U は線分 PS を L : M に内分する点である。

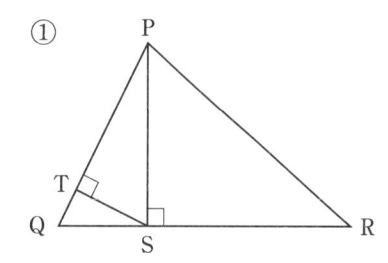

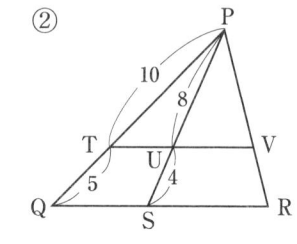

(▶解答は p.109)

ポイント

2つの三角形 △ABC, △DEF において，

- 三辺の比について

  $a:d=b:e=c:f$

- 二辺の比とその二辺にはさまれる角の大きさについて

  $a:d=b:e$

  $\angle C=\angle F$

- 二組の角の大きさについて

  $\angle B=\angle E$

  $\angle C=\angle F$

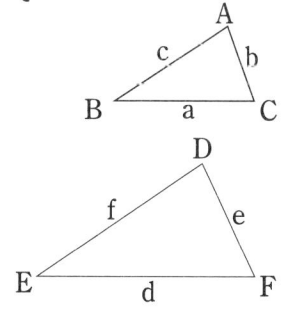

のいずれかが成り立つとき，△ABC と △DEF は相似であるといい，△ABC∽△DEF と表す。このとき，

   $A=D$, $B=E$, $C=F$

   $AB:DE=BC:EF=CA:FD$

となる。

> **ポイント**
> 線分 AB 上に点 c があって AC：CB＝m：n のとき，
> 点 C は線分 AB を m：n に内分するという。

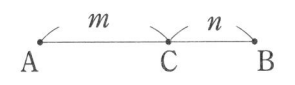

【練習問題】

問1 右の △ABC において，辺 AB を 2：3 に分ける点を D，辺 BC を 2：1 に分ける点を E とする。点 D から BC∥DF となるように，点 F を決める。また，DC と AE の交点を G とする。
　このとき，AF：FG：GE の比を求めなさい。

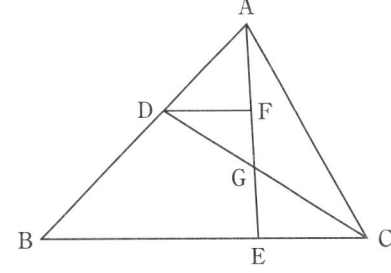

問2 右の △ABC において，BD＝DF＝FE＝EB となる点 D，E をとる。このとき，線分 AD の長さと線分 EC の長さはどのような関係にあるか答えなさい。

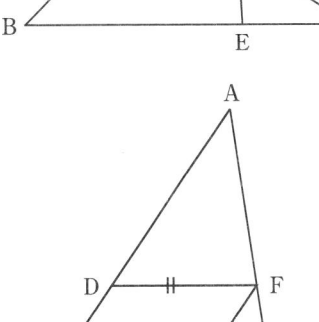

問3 右の四角形 ABCD において，四角形 ABCD の面積を，m，ℓ，θ を用いて表しなさい。

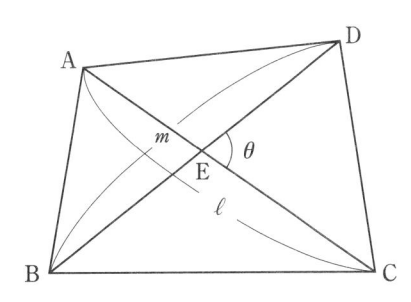

問4 右の △ABC において，BC∥DE，BE∥DF であるとき，
$$AE^2＝AF \cdot AC$$
となることを証明しなさい。

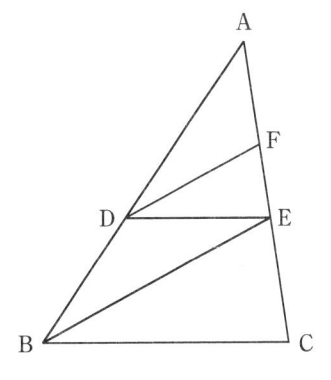

相似と内分

2 三角形と内接円（内心）

【例題】

次の問題文中の **A～H** にはそれぞれ −（負号）か 0～9 の数字のいずれか一つが入る。適するものを選びなさい。

1 △ABC に円 O が内接している。

内接円 O と辺 AB, BC, CA の接点をそれぞれ D, E, F とする。

DO＝3, AD＝4, BO＝6, ∠OBD＝30° のとき,

AO＝<u>A</u>, ∠DBE＝<u>BC</u>°, BD＝<u>D</u>√<u>E</u>,

AB＝<u>F</u>＋<u>G</u>√<u>H</u>

である。

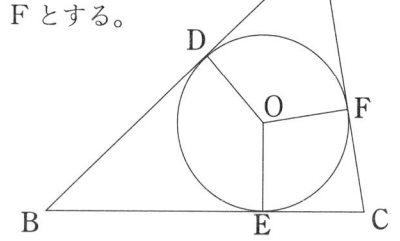

（▶解答は p.111）

ポイント

三角形の内接円の中心を内心という。

右図において点 O は △ABC の内心であり,

　　OD＝OE＝OF

　　∠ODA＝∠OEB＝∠OFC＝90°

　　∠OAD＝∠OAF, ∠OBD＝∠OBE, ∠OCE＝∠OCF

　　AD＝AF　BD＝BE　CE＝CF

が成り立つ。

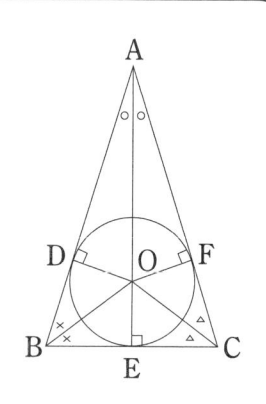

【練習問題】

問1　下の △ABC の内接円と内心を，コンパスを用いて作図しなさい。

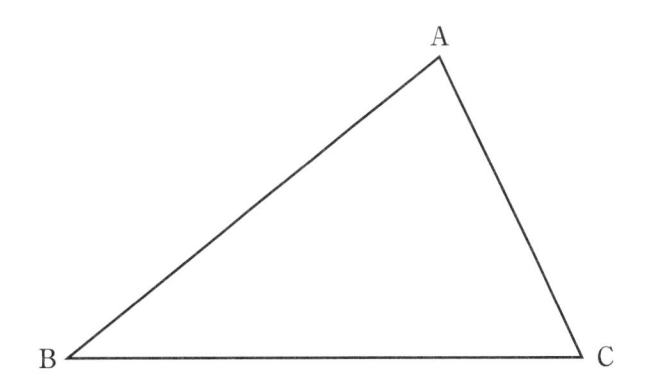

問2　右の △ABC とその内接円を考える。
　　このとき，
$$2AE = AB + AC - BC$$
　　であることを証明しなさい。

問3　右の直角三角形 ABC とその内接円を考える。内接円は点 D，E，F で三角形と接しているとする。
　　AD=x，DC=y とするとき，AB，BC を x，y を用いて表しなさい。

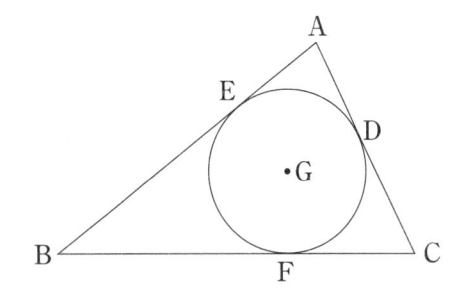

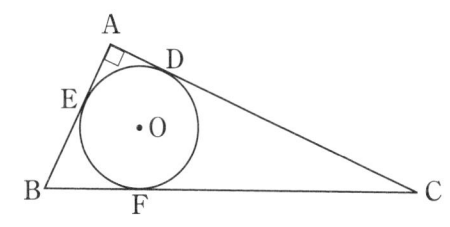

3 円周角と中心角

【例題】

次の問題文中の **A〜H** にはそれぞれ−（負号）か0〜9の数字のいずれか一つが入る。適するものを選びなさい。

1 右図のように円 O に内接する四角形 PQRS があり，
∠QPR＝50°，∠RQS＝30°のとき，
∠QPS＝**AB**°，∠QOR＝**CDE**°，∠QRS＝**FGH**°，
である。

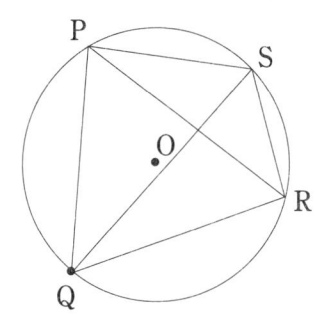

(▶解答は p.113)

ポイント

1つの弧に対する円周角は一定であり，
その弧に対する中心角の値の半分である。

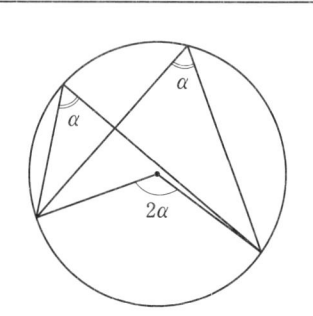

線分 AB が円の直径のとき（弧が半円になるとき），∠ACB の値は，必ず **90°** になる。

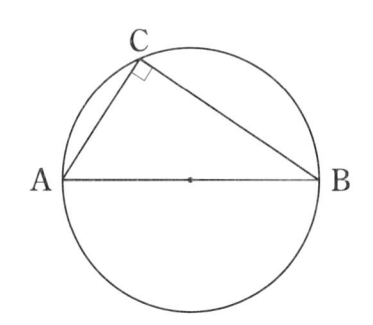

等しい円周角に対する弧は等しい。
等しい弧に対する円周角は等しい。

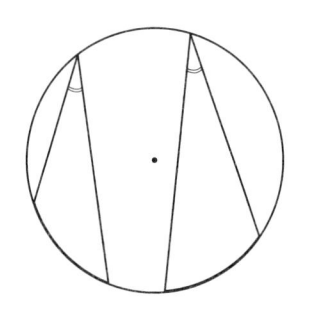

【練習問題】

問 1 次の(1)〜(3)の各図中の，x の値を求めなさい。

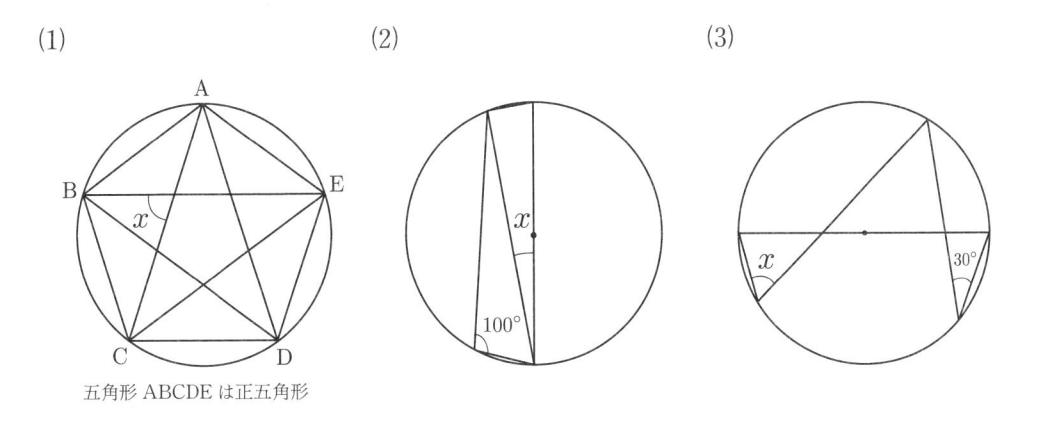

(1)

五角形 ABCDE は正五角形

(2)

(3)

問 2 次の条件に当てはまる図をそれぞれ①〜③の中から選びなさい。

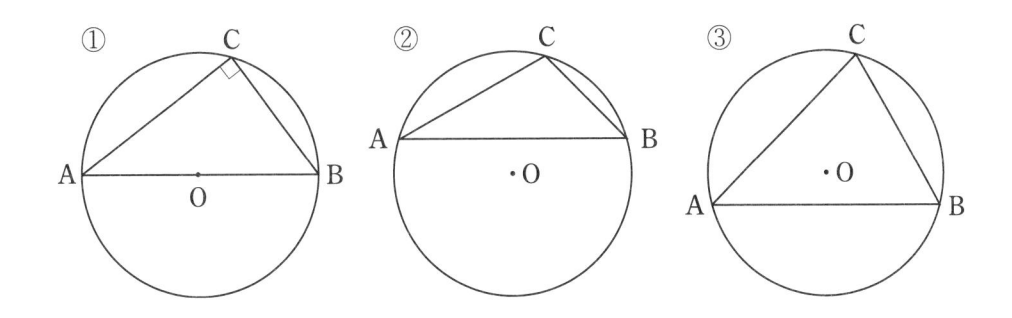

(1) $C > 90°$
(2) $C < 90°$
(3) $C = 90°$

問 3 次のような四角形 ABCD を考える。このときの x の値を求めなさい。ただし A，B，C，D は同一円周上にある。

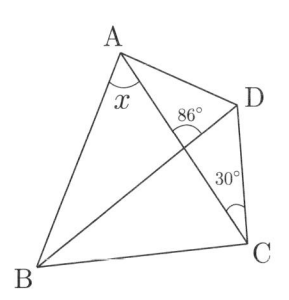

4 円と直線

【例題】

1 直角三角形 ABC について考える。

円 O は △ABC の内接円で, 点 P, Q, R で接している。

PB＝$\sqrt{3}$, RC＝$2+\sqrt{3}$ のとき, 内接円 O の半径を求めなさい。

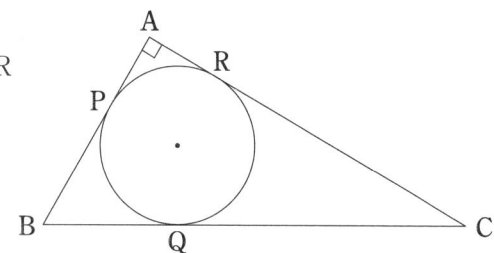

2 次の(1)〜(3)の各図中の x の値を求めなさい。

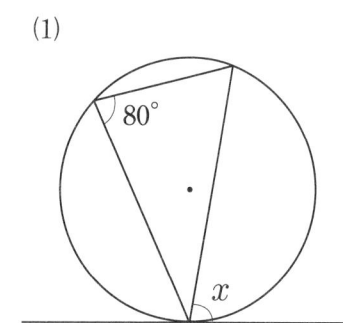

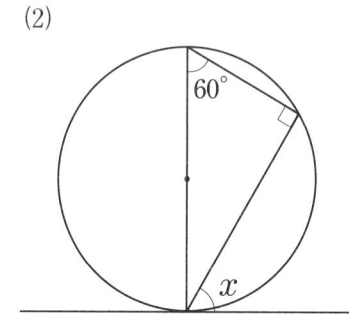

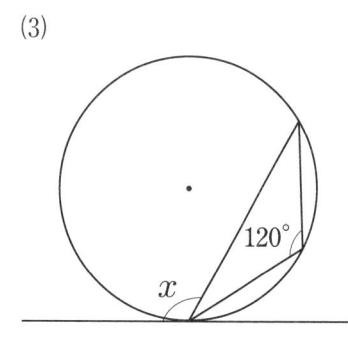

(1) 80°, x

(2) 60°, x

(3) 120°, x

（▶解答は p.114）

ポイント

円の外部にある点から, 円に 2 本の接線を引くと, 外部の点から 2 つの接点までの距離は等しい。

ポイント

円の接線と, その接点 C を通る弦 CB が作る角は, 弧 BC の円周角に等しい。

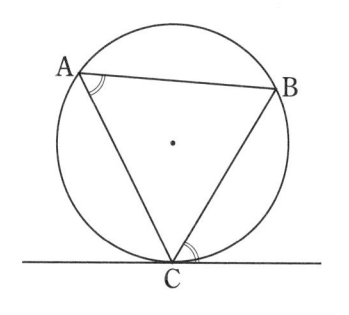

【練習問題】

問1 次の(1)～(3)の図の x の値を求めなさい。

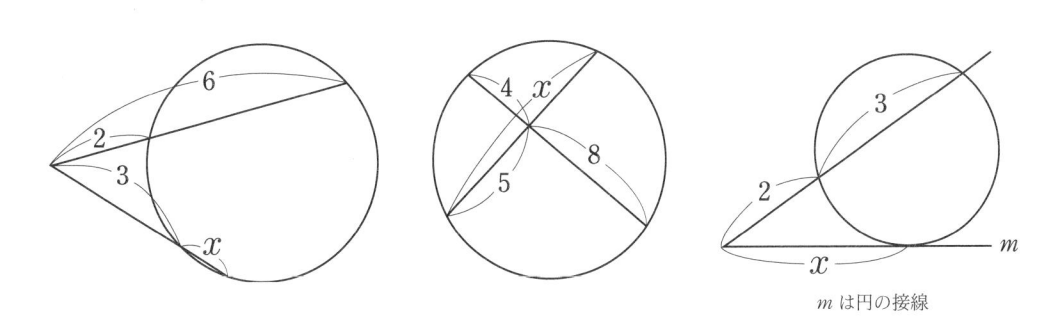

(1)　　　　　　　　　　(2)　　　　　　　　　　(3)

m は円の接線

問2 下の図のように，五角形 ABCDE が円に内接している。
弧 AB：弧 BC：弧 CD：弧 DE：弧 EA ＝ 2：1：3：4：5 であるとき，
∠ODE の値を求めなさい。

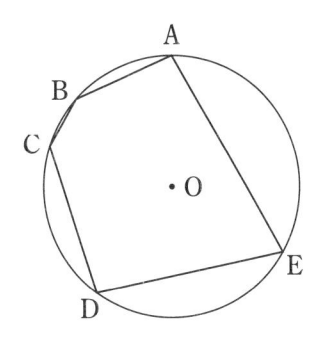

問3 下の図のように，円径の比が 1：2 である2つの円，円 O と円 O′ があり，OA＝5 である。また，直線 ℓ は共通する接線である。このとき，線分 AB の長さを求めなさい。

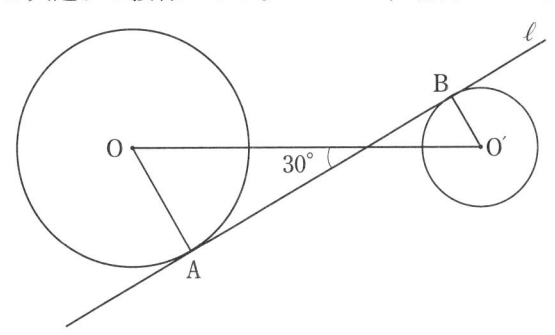

第4章　まとめの問題

次の問題文中の **A～Z**, **a～b** には，それぞれ－（負号）か 0～9 の数字のいずれか一つが入る。適するものを入れなさい。

問1　円に内接する四角形 ABCD があり，AB=3，AC=$2\sqrt{2}$，∠BDC=45°のとき，BC=$\sqrt{\boxed{A}}$ である。

問2　半径 3 の円に内接する五角形 ABCDE を考える。辺 BC，ED，CD の長さは 3，線分 AD は円 O の中心を通っている。このとき線分 AC の長さは $\boxed{B}\sqrt{\boxed{C}}$，∠ACB=$\boxed{DE}$°，∠CDA=$\boxed{FG}$°である。

問3　四角形 ABCD に円 O が外接している。∠ADB=20°，∠BCD=50°，AC は外接円 O の直径である。
このとき，∠BDC=$\boxed{HI}$°，∠ACD=$\boxed{JK}$°，∠DBC=$\boxed{LM}$°である。

問4　△ABC に円 O が内接している。内接円の中心を点 O とする。内接円 O と辺 BC，CA，AB の接点をそれぞれ D，E，F とする。AB=4，BC=8，∠BAC=90°である。
このとき，AC=$\boxed{N}\sqrt{\boxed{O}}$，OD=$\boxed{P}(\sqrt{\boxed{Q}}-1)$，BF=$\boxed{R}(\boxed{S}-\sqrt{\boxed{T}})$，CE=$\boxed{U}(1+\sqrt{\boxed{V}})$ である。

問5　右のような平行四辺形 ABCD を考える。辺 AD，BC を 2:1 に内分する点をそれぞれ E，F とする。
このとき，色の付いている部分の面積は，平行四辺形 ABCD の面積の $\dfrac{\boxed{W}}{\boxed{XY}}$ 倍である。

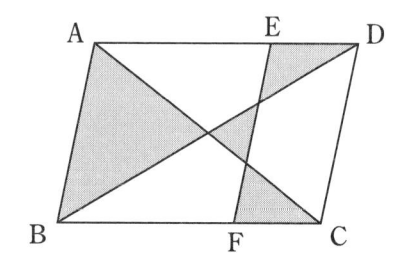

問6　右のような図を考える。円 O，O′ の半径がそれぞれ 2，4 のとき，円 Q の半径は，
$$\boxed{Z}+\boxed{a}\sqrt{\boxed{b}}$$
である。

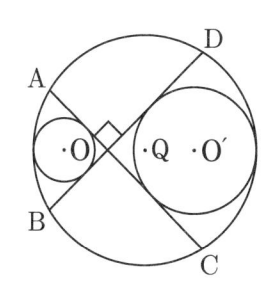

第5章
集合と論理

1 必要条件と十分条件

【例題】

1 $\boxed{A}$～$\boxed{B}$ に入るものを，次の①～③から選びなさい。

整数 m について考える。
m が2の倍数であることは m が4の倍数であることの $\boxed{A}$ であり，
m が4の倍数であることは m が2の倍数であることの $\boxed{B}$ である。

① 必要条件　　② 十分条件　　③ 必要十分条件

(►解答は p.117)

> **ポイント**
> ある条件を満たすもの全体の集まりを集合といい，「集合 A」というように表す。集合を作る個々のものを要素といい，「要素 a」というように表す。集合 A が要素 a によって作られている状態を $a \in A$ と表す。

> **ポイント**
> 正しいか正しくないかを決めることができる文や式を命題という。命題の中で，「A ならば B」という文の場合，A を仮定，B を結論といい，「$A \Rightarrow B$」と表すこともできる。

> **ポイント**
> A ならば B（$A \Rightarrow B$ と表す）のとき，「A は B であるための十分条件である」という。

> **ポイント**
> A ならば B（$A \Rightarrow B$ と表す）のとき，「B は A であるための必要条件である」という。

> **ポイント**
> A が B の必要条件であり，同時に十分条件であるとき（$A \Leftrightarrow B$ と表す），「A は B であるための必要十分条件である」という。また，「A と B は同値である」ともいう。

> **ポイント**
>
> 論証に関するポイント
>
> 命題「$A \Rightarrow B$」に対して，
> 　「$B \Rightarrow A$」を「$A \Rightarrow B$」の逆
> 　「$\overline{A} \Rightarrow \overline{B}$」を「$A \Rightarrow B$」の裏
> 　「$\overline{B} \Rightarrow \overline{A}$」を「$A \Rightarrow B$」の対偶
> と呼ぶ。この関係を図にすると，右のようになる。
>
> ```
>   ┌─────┐   逆   ┌─────┐
>   │ A⇒B │◄─────►│ B⇒A │
>   └─────┘        └─────┘
>      ▲  ╲     ╱    ▲
>    裏│   ╲対偶╱    │裏
>      ▼    ╳       ▼
>   ┌─────┐   逆   ┌─────┐
>   │ Ā⇒B̄ │◄─────►│ B̄⇒Ā │
>   └─────┘        └─────┘
> ```
>
> ここで重要なのは，「$A \Rightarrow B$ とその対偶 $\overline{B} \Rightarrow \overline{A}$ とは，真偽が一致する」ことである。

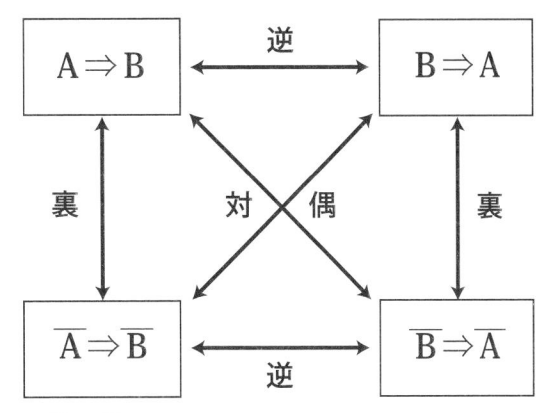

【練習問題】

問1 次の記述のうち，正しいものには○を，誤っているものには×をつけなさい。ただし問 (1)～(4)については x, y は実数，(5)～(11)については x, y は整数であるとする。

(1) x, y がともに正ならば $x+y$ も正である。

(2) xy が正ならば x, y はともに正である。

(3) x, y の少なくとも1つが無理数であれば，$x+y$ は無理数である。

(4) x, y の少なくとも1つが無理数であれば，xy は無理数である。

(5) xy が奇数であれば，x も y も奇数である。

(6) $x=3$ であることは，$|x|=3$ であることの十分条件である。

(7) x が2の倍数であることは，x が3の倍数であることの必要条件である。

(8) x, y がいずれも偶数であることは，xy が偶数であることの必要十分条件である。

(9) $x^2-y^2=0$ であることは，$x=y$ であることの必要条件である。

(10) $x<y$ であることは，$x^2<y^2$ であることの必要十分条件である。

(11) 「x, y がともに奇数ならば xy は奇数である」の対偶は「x, y の少なくとも1つが偶数ならば xy は偶数である」である。

第5章 まとめの問題

次の問題文中の □ には，下の ⓪〜③ のいずれか一つが入る。適するものを入れなさい。ただし a, b, c は実数とする。

問1　$a^3 > 0$ は，$a > 0$ であるための □。

問2　$a > b > 10$ は，$a + b > 20$ であるための □。

問3　$abc > 0$ は，$a > 0$ かつ $b > 0$ かつ $c > 0$ であるための □。

問4　$a(a-1) = -\dfrac{1}{4}$ は $a = \dfrac{1}{2}$ であるための □。

問5　$\sqrt{ab} = 2$ は $\sqrt{a+b} = 2$ であるための □。

問6　$\sqrt{\dfrac{b}{a}} = 2$ は，$b = 4a$ であるための □。

問7　$|a| + |b| = 5$ は，$|a+b| = 5$ であるための □。

問8　$a^2 > 3$ は，$a > \sqrt{3}$ であるための □。

問9　$a = b = 1$ は，$ab = 1$ であるための □。

問10　$a = \sqrt{b}$ は，$a^2 = b - 1$ であるための □。

問11　$a^2 - ab + b^2 = 0$ は，$a = b = 0$ であるための □。

問12　$a(b^2 + 1) = 0$ は，$a = 0$ であるための □。

問13　$abc = 0$ は，$ab = 0$ であるための □。

問14　$a + b + c \geq 0$ は，$abc = 0$ であるための □。

問15　$(a-b)(b-c)(c-a) = 0$ は，$a = b = c = 0$ であるための □。

⓪　必要十分条件である。
①　必要条件であるが，十分条件ではない。
②　十分条件であるが，必要条件ではない。
③　必要条件でも，十分条件でもない。

第6章
場合の数と確率

1 場合の数（樹形図・順列）

【例題】

次の各問題文中の **A**～**C** には，それぞれ－（負号）か 0～9 の数字のいずれか一つが入る。適するものを選びなさい。

1 1，2，3 の数字が 1 つずつ書かれている 3 枚のカードがある。
この 3 枚のカードを並べて 3 桁の整数をつくるとき，全部で **A** 種類の整数ができる。

2 1，2，3，4 の数字が 1 つずつ書かれている 4 枚のカードを並べてつくることができる 4 桁の整数は全部で **BC** 個ある。

（▶解答は p.118）

> **ポイント**
> 場合の数
>
> ある同じ条件のもとで，少しずつ異なった事柄が起きるとする。このとき，これらの事柄が何通りあるか数えることができる場合，実際に数えることができる数のことを場合の数と呼ぶ。場合の数をすべて数えるには樹形図（→ p.119）を用いると便利な場合がある。

> **ポイント**
> 順列
>
> 異なる n 個のものから r 個を取り出して並べるとき，その並べ方の総数を $_n\mathrm{P}_r$ で表し，以下となる。
>
> $$_n\mathrm{P}_r = n \cdot (n-1) \cdot \cdots \cdot (n-r+1) \left(= \frac{n!}{(n-r)!} \right)$$
>
> である。$r = n$ のときは，
>
> $_n\mathrm{P}_n = n!$　（$0! = 1$）とする。
>
> たとえば異なる 4 つのものから 2 つを取り出して並べる並べ方の総数は，
>
> $_4\mathrm{P}_2 = 4 \cdot 3 = 12$
>
> となり，異なる 4 つのものを並べる並べ方の総数は，
>
> $_4\mathrm{P}_4 = 4! = 4 \cdot 3 \cdot 2 \cdot 1 = 24$
>
> となる。

【練習問題】

次の各問題文中の **A～Z**，**a～f** には，それぞれ−（負号）か0～9の数字のいずれか一つが入る。適するものを選びなさい。選択肢がある場合は最も適するものを一つ選びなさい。

問1 次の値を①～⑤からそれぞれ選びなさい。
(1) $_{10}P_6 =$ A 通り
(2) $_3P_2 =$ B 通り
(3) $_5P_5 =$ C 通り
① 5040　② 151200　③ 1　④ 120　⑤ 6

問2 A～Fの6人を順に並べるとき，その並べ方は全部で DEF である。

問3 1，2，3，4，5の数字が1つずつ書かれている5枚のカードを何枚か並べて整数をつくる。
(1) 5枚のカードをすべて使ってつくれる5桁の整数は全部で GHI 個である。
(2) 5枚の中から2枚を選んでつくれる2桁の整数は全部で JK 個であり，その中で最大のものは54，3番目に大きいものは LM である。
(3) 5枚の中から3枚を選んでつくれる3桁の整数は全部で NO 個であり，その中で最小のものは123，5番目に小さなものは PQR である。

問4 0，3，5，7の4つの数字を並べて4桁の整数をつくる。
(1) このとき，全部で ST 通りの整数がつくることができる。
(2) その中で，末尾が3のものは U 個である。
(3) また，5の倍数であるものは VW 個である。

問5 2つのさいころを投げ，出た目の差を得点とする。
(1) 得点が0となる確率は $\dfrac{X}{Y}$ である。
(2) 得点が1となる確率は $\dfrac{Z}{ab}$ である。
(3) 得点の期待値は $\dfrac{cd}{ef}$ である。

2 組合せ

【例題】

次の各問題文中の **A〜H** には，それぞれ－（負号）か0〜9の数字のいずれか一つが入る。適するものを選びなさい。

1 佐藤さん，鈴木さん，田中さん，野口さん，山田さん，清水さんの6人の中から代表2人を選ぶ選び方は全部で $\boxed{AB}$ 通りである。また，もし代表の人数が4人だとすると，その4人の選び方は全部で $\boxed{CD}$ 通りである。

2 (1) A，A，B，Cの4文字を順に一列に並べるとき，並べ方は全部で $\boxed{EF}$ 通りである。
(2) A，A，A，B，Cの5文字を順に一列に並べる時，並べ方は全部で $\boxed{GH}$ 通りである。

（▶解答はp.120）

ポイント

組合せ

異なる n 個のものから r 個を取り出すとき，その選び方の総数は，${}_nC_r$ で表し，以下となる。

$$ {}_nC_r = \frac{{}_nP_r}{r!} = \frac{n!}{r!(n-r)!} $$

となる。

ポイント

同じものを含む順列

n 個のものの中に p 個の同じもの，q 個の別の同じもの，r 個のさらに別の同じもの，……があるとき，これら n 個のものを一列に並べる順列の数は，

$$ {}_nC_p \cdot {}_{n-p}C_q \cdot {}_{n-p-q}C_r \cdots\cdots = \frac{n!}{p!\,q!\,r!\cdots\cdots} \qquad (p+q+r+\cdots = n) $$

である。

【練習問題】

次の各問題文中の **A〜S** には，それぞれ−（負号）か0〜9の数字のいずれか一つが入る。適するものを選びなさい。選択肢がある場合は最も適するものを一つ選びなさい。

問1　次の値を①〜⑤からそれぞれ選びなさい。
　(1)　${}_{10}C_3 =$ A 通り
　(2)　${}_7C_6 =$ B 通り
　(3)　${}_5C_5 =$ C 通り

　　①　210　　　②　7　　　③　1　　　④　120　　　⑤　10

問2　ワールドカップ予選リーグ4チームの中から決勝トーナメントに進む2チームの組合せは，全部で D 通りである。

問3　8個のケーキから3個を食べるとき，その3個の選び方は全部で EF 通りである。また，8個のうち明日まで取っておく4個を選ぶとき，その選び方は全部で GH 通りである。

問4　A，A，B，B，Cの5文字を一列に並べる並べ方は全部で IJ 通りである。

問5　野球部員9人の中から外野手3人を選ぶとき，その選び方は全部で KL 通りである。

問6　百円玉2枚，五十円玉2枚，十円玉3枚を一列に並べる並べ方は全部で MNO 通りである。

問7　6冊ある参考書の中からAさんにあげる2冊とBさんにあげる2冊を選ぶとき，その選び方は全部で PQ 通りである。

問8　下のような正方形を6つ並べた図を考える。AからBへ辺にそって移動する場合，最短経路は RS 通りである。

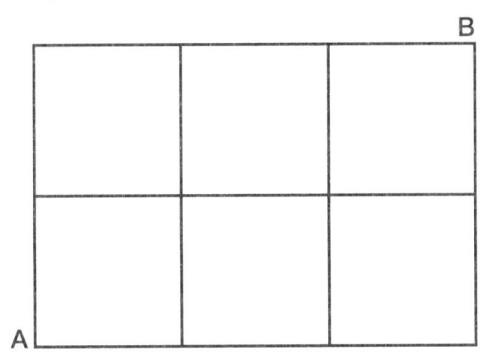

組合せ　71

3 確率

【例題】

次の各問題文中の **A〜Y** には，それぞれ−（負号）か 0〜9 の数字のいずれか一つが入る。適するものを選びなさい。

1 大小 2 つのサイコロを同時に振る。このとき目の出方は全部で $\boxed{AB}$ 通りである。2 つのサイコロの目が揃う場合は全部で $\boxed{C}$ 通りあり，その確率は $\dfrac{\boxed{D}}{\boxed{E}}$ である。

2 6 本中アタリが 2 本，ハズレが 4 本入っているクジがある。アタリを 1 本引くと 900 円もらえる。

(1) 引いたクジはすぐに戻すとする。全部で 2 本引くとき，

アタリを 2 本引く確率は $\dfrac{\boxed{F}}{\boxed{G}}$ で，ハズレを 2 本引く確率は $\dfrac{\boxed{H}}{\boxed{I}}$ である。

アタリ，ハズレを 1 本ずつ引く確率は $\dfrac{\boxed{J}}{\boxed{K}}$ で，得られる金額の期待値は $\boxed{LMN}$ 円である。

(2) 引いたクジはそのまま戻さないとする。全部で 2 本引くとき，アタリを 2 本引く確率は $\dfrac{\boxed{O}}{\boxed{PQ}}$ で，ハズレを 2 本引く確率は $\dfrac{\boxed{R}}{\boxed{S}}$ である。アタリ，ハズレを 1 本ずつ引く確率は $\dfrac{\boxed{T}}{\boxed{UV}}$ で，得られる金額の期待値は $\boxed{WXY}$ 円である。

（►解答は p.121）

ポイント

- 事象 A の起こる確率　$P(A)=\dfrac{n(A)}{n(U)}$ $\left(\dfrac{\text{事象 } A \text{ の起こる場合の数}}{\text{起こりうるすべての場合の数}}\right)$

$$0 \leq P(A) \leq 1,\ P(U)=1,\ P(\phi)=0$$

確率の基本的な性質

(1) 任意の事象 A に対する性質
$$0 \leq P(A) \leq 1$$

(2) 全事象 U（起こりうるすべての結果の集合）の確率
$$P(U)=1$$

(3) 空事象 ϕ（決して起こらない事象）の確率
$$P(\phi)=0$$

> **ポイント**
>
> ●独立試行の確率
>
> 　試行 S と T が独立であるとき，S で事象 A，T で事象 B が起こるという事象を C とする。このときの確率は以下となる。
> $$P(C)=P(A)\cdot P(B)$$
>
> ●期待値
>
> 　変量 X が n 個の値 x_1〜x_n のいずれかをとり，これらの値をとる確率がそれぞれ p_1〜p_n であるとき X の期待値 $E(X)$ は，以下となる。
> $$E(X)=\sum_{i=1}^{n} x_i p_i$$

> **ポイント**
>
> 　事象 A，B において，A または B が起こる事象を和事象といい，
> $$A\cup B$$
> 　で表す。
>
> 　事象 A，B において，A と B がともに起こる事象を積事象といい，
> $$A\cap B$$
> 　で表す。
>
> 加法定理
>
> 和事象 $A\cup B$ の確率を考えることにより，確率の加法定理を求めることができる。確立の加法定理は以下である。
> $$P(A\cup B)=P(A)+P(B)-P(A\cap B)$$
> 特に，$A\cap B=\phi$（A と B がともには決して起こらない）のとき，
> $$P(A\cup B)=P(A)+P(B)$$

> **ポイント**
>
> 　ある事象 A を考えたとき，「事象 A が起こらない」という事象を A の余事象といい，$\overline{A}$ で表す。このとき，余事象 $\overline{A}$ の確率は以下のようになる。
> $$P(\overline{A})=1-P(A)$$

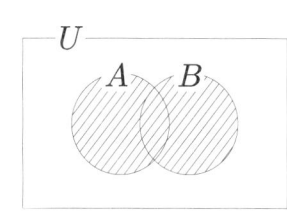

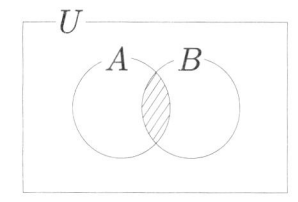

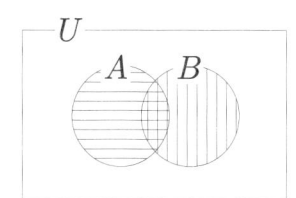

【練習問題】

次の各問題文中の **A～Z**, **a～h** には，それぞれ－（負号）か 0～9 の数字のいずれか一つが入る。適するものを選びなさい。

問 1 赤い球が 4 つ，白い球が 3 つ入っている袋の中から同時に球を 2 つ取り出す。

(1) 2 つとも赤球である確率は $\dfrac{A}{B}$ である。

(2) 2 つとも白球である確率は $\dfrac{C}{D}$ である。

(3) 赤，白 1 つずつである確率は $\dfrac{E}{F}$ である。

(4) 赤球を 1 個取ったら 70 円もらえ，白球を 1 個取ったら 70 円払うとすると，同時に球を 2 つ取り出すことによってもらえる金額の期待値は $\boxed{GH}$ 円である。

問 2 A～G の 7 人から代表 2 人を選ぶとする。公平にクジで選ぶことにするとき，A 氏が代表になる確率は $\dfrac{I}{J}$ である。また，A，B 両氏が代表になる確率は $\dfrac{K}{LM}$ であり，A，B 両氏以外が代表になる確率は $\dfrac{NO}{PQ}$，A，B 両氏のうち一方のみが代表になる確率は $\dfrac{RS}{TU}$ である。

問 3 A，B，C の文字が 1 つずつ書いてある 3 枚のカードが箱に入っている。この箱から 1 枚のカードを取り出して，元に戻す。これを 3 回繰り返し，A の出た回数を得点とする。ただし 3 枚とも A の場合は得点は 5 点になる。

(1) A，B，C のカードが揃う確率は $\dfrac{V}{W}$ である。

(2) 得点が 0 である確率は $\dfrac{X}{YZ}$ である。

(3) 得点が 1 である確率は $\dfrac{a}{b}$ である。

(4) 得点が 2 である確率は $\dfrac{c}{d}$ である。

(5) 得点の期待値は $\dfrac{ef}{gh}$ である。

第6章　まとめの問題

次の問題文中の **A～Z**，**a～o** には，それぞれ－（負号）か0～9の数字のいずれか一つが入る。適するものを入れなさい。

問1 Aの箱にそれぞれ1，2，3，4の数字が書かれた4枚の札，Bの箱にそれぞれ5，6，7，8，9の数字が書かれた5枚の札が入っている。偶数の札に青，奇数の札に赤で色を塗っておき，A，Bの箱からそれぞれ1枚ずつ札を取り出す。

(1) 取り出した2枚の札がいずれも赤色である確率は $\dfrac{A}{BC}$ である。

(2) 取り出した2枚の札に書かれた数の和が10以上である確率は $\dfrac{D}{E}$ である。

(3) 赤い札の得点を札に書かれた数，青い札の得点を－3とすると，取り出した2枚の札によって得られる得点の期待値は $\dfrac{F}{G}$ である。

問2 Aの袋に赤球4個と白球3個，Bの袋に白球6個と青球4個が入っている。A，Bの袋から，それぞれ1個ずつ球を取り出す。

(1) 取り出した2つの球に青球が含まれている確率は $\dfrac{H}{I}$ である。

(2) 取り出した2つの球の色が異なる確率は $\dfrac{JK}{LM}$ である。

(3) 赤球の得点を2，白球の得点を－1，青球の得点を3とすると，取り出した2つの球によって得られる得点の期待値は $\dfrac{NO}{PQ}$ である。

問3 1つのサイコロを3回投げる。

(1) 出た目の積が奇数になる確率は，$\dfrac{R}{S}$ である。

(2) 出た目の和が16以上になる確率は，$\dfrac{T}{UVW}$ である。

(3) 出た目の積が3の倍数になる確率は，$\dfrac{XY}{Za}$ である。

問 4 「1」と記入したカードが 1 枚,「2」と記入したカードが 2 枚,「3」と記入したカードが 3 枚, 合計 6 枚のカードが, 箱の中に入っている。箱の中からカードを 2 枚取り出す。

(1) 2 枚のカードに記入された数字が, 同じである確率は $\dfrac{b}{cd}$ である。

(2) 2 枚のカードに記入された数字の和の期待値は, $\dfrac{ef}{g}$ である。

問 5 216 の正の約数は, 全部で hi 通りである。

問 6 A, B, C, D, E の 5 枚のカードがある。この 5 枚を一列に並べたとき, B と C が隣り合うような並べ方は jk 通りである。

問 7 A, B, C, D, E の 5 枚のカードがある。この 5 枚を円状に並べる並べ方は lm 通りであり, また B と C が隣り合うような並び方は no 通りである。

総合問題

第1回

I

$$\cos^2 x + \frac{2-\sqrt{6}}{2\sqrt{2}} \cos x - \frac{\sqrt{6}}{4} \leq 0$$

を満たす x の値の範囲を求めよ。（ただし $0° \leq x \leq 180°$ である）

(1) $\dfrac{\sqrt{6}}{4}$ は，

$$\frac{\sqrt{6}}{4} = \frac{1}{\sqrt{2}} \times \left(\frac{\sqrt{\boxed{A}}}{\boxed{B}} \right)$$

であり，

$$\frac{1}{\sqrt{2}} - \frac{\sqrt{\boxed{A}}}{\boxed{B}} = \frac{2-\sqrt{6}}{2\sqrt{2}}$$

であるので，

$$\left(\cos x + \frac{1}{\sqrt{2}} \right) \left(\cos x - \frac{\sqrt{\boxed{A}}}{\boxed{B}} \right) \leq 0$$

と因数分解できる。

(2)
$$\begin{cases} \cos x = -\dfrac{1}{\sqrt{2}} \\ \cos x = \dfrac{\sqrt{\boxed{A}}}{\boxed{B}} \end{cases}$$

より，

$$\boxed{CD}° \leq x \leq \boxed{EFG}°$$

となる。

II

問1 $16^x - 5 \cdot 4^{x+1} + 64 \geq 0$

を満たす x の値の範囲は，

$$x \leq \boxed{A}, \quad \boxed{B} \leq x$$

である。

問2 箱の中に赤球が3個，白球が4個入っており，ここからランダムに3個の球を取り出す。

(1) 取り出した球3個がいずれも白球である確率は $\dfrac{\boxed{C}}{\boxed{DE}}$ である。

(2) 取り出した球3個が，赤球2個，白球1個である確率は $\dfrac{\boxed{FG}}{\boxed{HI}}$ である。

(3) 取り出した白球の数を得点とするとき，得点の期待値は $\dfrac{\boxed{JK}}{\boxed{L}}$ である。

問3 次の文の **M〜Q** について，最も適するものを下の⓪〜③のうちから選べ。ただし，a, b は実数とする。

(1) $ab > 0$ は，$a > 0$ かつ $b > 0$ であるための $\boxed{M}$。
(2) $a^2 - 2ab + b^2 \leq 0$ は，$a = b = 0$ であるための $\boxed{N}$。
(3) $ab = 0$ であることは，$ab^2 = 0$ であるための $\boxed{O}$。
(4) $ab \geq -a^2$ であることは，$b \geq -a$ であるための $\boxed{P}$。
(5) $|a| - |b| = 0$ は，$a = b$ であるための $\boxed{Q}$。

⓪ 必要十分条件である。
① 必要条件であるが，十分条件ではない。
② 十分条件であるが，必要条件でない。
③ 必要条件でも，十分条件でもない。

III

図のような，2つの円 O，O′ を考える。

点 O は円 O′ の円周上にある。2つの円は点 A，B で交わり，線分 OB の延長線は点 C で円 O と交わる。

また，線分 CA の延長線は点 D で円 O′ と交わる。

AO＝2，AC＝1 の場合，以下の問に答えよ。

(1) 線分 AD の長さは **A** である。
(2) 円 O′ の半径は **B** である。

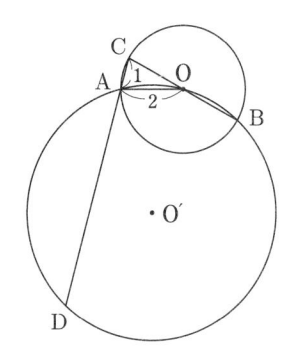

IV

2つの二次関数，
$$y = x^2 - 2x + 1 + a$$
$$y = -x^2 + 4x - 3$$
を考える。

(1) この2つの二次関数のグラフは，$a = \dfrac{\boxed{A}}{\boxed{B}}$ のとき接する。

(2) (1)のとき，2つの関数と接する一次関数の式は，
$$y = x - \dfrac{\boxed{C}}{\boxed{D}}$$

第2回

I

関数 $y=|x+1|+1$ について考える。

問1 次の文中の $\boxed{A}$ について，最も適するものを下の①〜④から一つ選べ。

関数 $y=|x+1|+1$ のグラフは $\boxed{A}$ である。

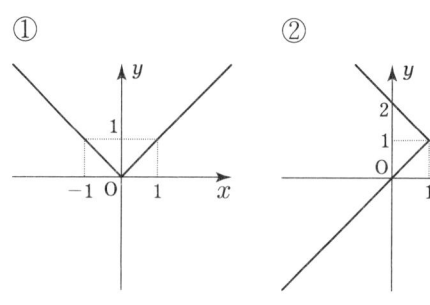

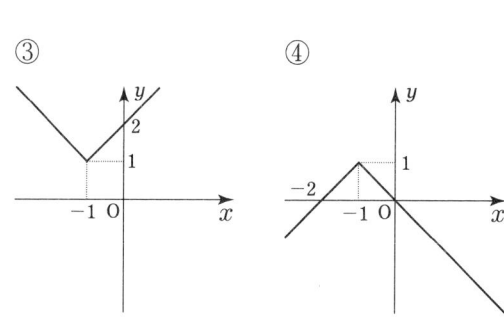

① ② ③ ④

問2 $y=|x+1|+1$ のグラフと，二次関数 $y=x^2+ax+b$ のグラフは2点で接している。このとき，

$$a=\boxed{B}, \quad b=\frac{\boxed{C}}{\boxed{D}}$$

である。

II

問1 次の文中の A ～ E について，最も適するものを下の①～④から一つ選べ。ただし，a, b は実数とする。

(1) $a \geq b^2$ は，$a \geq b$ であるための A 。
(2) $a = b-1$ は，$|a-b| = 1$ であるための B 。
(3) $a \neq 0$, $b \neq 0$ のとき，$\dfrac{b}{a} = \dfrac{a}{b}$ は $a = b$ であるための C 。
(4) $a^2 = -b^2$ は，$a = b = 0$ であるための D 。
(5) $|a| = |b|$ は，$|a-b| = 0$ であるための E 。

⓪ 必要十分条件である。
① 必要条件であるが，十分条件ではない。
② 十分条件であるが，必要条件ではない。
③ 必要条件でも，十分条件でもない。

問2 1つのさいころを2回投げる。

(1) 出た目の積が奇数である確率は $\dfrac{F}{G}$ である。

(2) 出た目の積が5で割り切れる確率は $\dfrac{HI}{JK}$ である。

(3) 出た目の積が5で割り切れる場合の得点を5点，それ以外の場合を-2点とする。このとき，得点の期待値は $\dfrac{L}{MN}$ である。

III

図のような円 O を考える。円 O に対して円 O の外部にある点 P より，2 本の接線を引く。その接点を Q，R とする。また円 O と点 S で接する線分を考え，線分 PR，PQ との交点を T U とする。

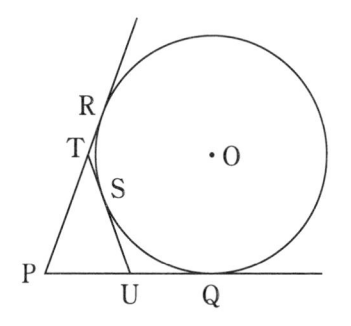

次の文中の A ～ B について，最も適するものを下の①〜④から一つ選べ。

(1) △TPU は，∠PTU＝40°，∠TPU＝∠TUP であるとき，
$$TP = TU = \boxed{A}$$
である。

　① OR　　② OT　　③ OQ　　④ UQ

(2) (1)であるとき，四角形 OTUQ は B である。

　① 正方形　　② ひし形　　③ 台形　　④ 平行四辺形

IV

図のような 4 つの線分を考える。四角形 ABCD は正方形である。

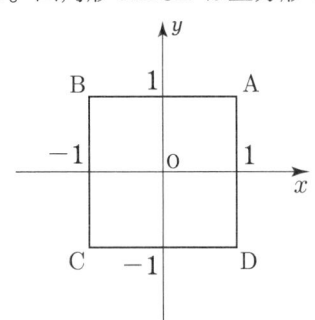

問 1 二次関数 $y = x^2 + x + a$ が，四角形 ABCD と 2 点で交わるとき，a のとりうる範囲は，

$$-3 < a < -1,\quad -\frac{\boxed{3}}{\boxed{4}} < a < \frac{\boxed{5}}{\boxed{4}}$$

である。

問 2 二次関数 $y = x^2 + x + a$ が，線分 AB，BC と交わるとき，その交点をそれぞれ点 P，Q とする。線分 PQ と y 軸のなす角度が $60°$ のとき，

$$a = \frac{\boxed{2} - \sqrt{\boxed{3}}}{\boxed{3}}$$

である。

解答と解説

第1章 方程式と不等式

1 実数

【例題】(▶ p. 10)

解答

1 **A**：8
2 **B**：4
3 **C**：2　**DE**：-2
4 **F**：6　**G**：4

解説

1 整数は -5，-4，-3，-2，-1，0，1，2，3，4，5 のような数なので（ここで 0 も含むことに注意する），-3 以上，4 以下である整数は，-3，-2，-1，0，1，2，3，4 の 8 個である。

2 自然数は 1，2，3，4，5 … である。ここで 0 を含まないことに注意する。正の整数と言い換えることもできる。-3 以上，4 以下である自然数は 1，2，3，4 の 4 個である。

3 絶対値が 2 であるとは，0 から 2 だけ離れている数を意味する。よって $+2$，-2。

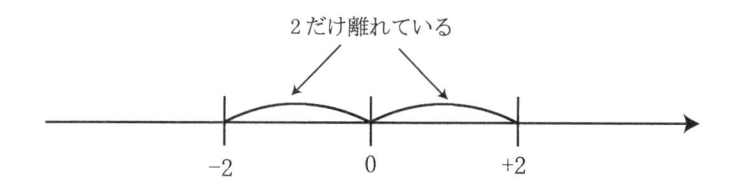

4 右辺のカッコをはずす（展開する）と，
$$2(3+b\sqrt{3})=6+2b\sqrt{3}$$
よって，
$$a+8\sqrt{3}=6+2b\sqrt{3}$$
問題文の条件のとき，この式が成り立つには，
$$a=6$$
$$8=2b$$
これを解くと，
$$a=6,\ b=4$$

【練習問題】(▶ p. 11)

問1 (1) ⑥⑧

　　 (2) ④⑥⑧⑨

　　 (3) ②⑦⑩

問2 (1) ○

(2) ○

(3) ×（たとえば $x=3$, $y=-1$）

(4) ×（-4 の絶対値は 4）

問3 (1) $\dfrac{2}{\sqrt{3}}=\dfrac{2\cdot\sqrt{3}}{\sqrt{3}\cdot\sqrt{3}}=\dfrac{2\sqrt{3}}{3}$

(2) $\dfrac{\sqrt{5}+2}{\sqrt{5}-2}=\dfrac{(\sqrt{5}+2)^2}{(\sqrt{5}-2)(\sqrt{5}+2)}=\dfrac{(\sqrt{5}+2)^2}{1}=9+4\sqrt{5}$

(3) $\dfrac{1+\sqrt{5}}{-2+\sqrt{5}}=\dfrac{(1+\sqrt{5})(2+\sqrt{5})}{(-2+\sqrt{5})(2+\sqrt{5})}=\dfrac{7+3\sqrt{5}}{1}=7+3\sqrt{5}$

2　式の展開と因数分解

【練習問題】（▶ p. 13）

問1 (1) $4x+6y$

(2) $-\dfrac{15}{2}x+10y$

(3) $x^2-2xy+y^2$

(4) $\dfrac{1}{4}x^2+2xy+4y^2$

(5) $x^2+y^2+z^2+2xy+2yz+2xz$

(6) $16a^2-24ab+9b^2$

(7) $b^4+\dfrac{1}{b^4}-2$

(8) $9a^2-b^2$

(9) $\dfrac{1}{4}x^2-4y^2$

(10) $a^2-b^2-c^2-2bc$

(11) $x^2-3x-18$

(12) $y^2+\dfrac{7}{2}y-2$

(13) $b^2+b-\dfrac{15}{4}$

(14) $-6x^2+19x-8$

(15) $-6x^2+15xy-6y^2$

問2 (1) $3(a-2b)$

(2) $(a+b+c)t$

(3) $4x(a+2b+3c)$

(4) $2(x+2)^2$

(5) $(2x-3)^2$

(6) $2(2x+3y)(2x-3y)$

第1章　方程式と不等式　89

(7) $(x+7)(x-1)$

(8) $(x-3)(x+2)$

(9) $(2a-b)(a-2b)$

(10) $(2x+1)(x-3)$

(11) $(7x-4y)(2x-y)$

(12) $2a(x+2)(x-2)$

(13) (与式)$=(x+1)^2-y^2=\{(x+1)-y\}\{(x+1)+y\}=(x-y+1)(x+y+1)$

(14) (与式)$=(x^2+2x)+(ax+2a)=x(x+2)+a(x+2)=(x+a)(x+2)$

(15) (与式)$=(x^2+x-2)+(ax+2a)=(x-1)(x+2)+a(x+2)=(x+a-1)(x+2)$

3　連立方程式

【例題】(▶ p. 14)

解答

1　**A**：3　**B**：2

2　**C**：3　**DE**：-2　**F**：1

解説

1

①加減法

$$\begin{cases} 3x+2y=13 \\ 2x+y=8 \end{cases} \quad \times 2 \quad \text{両辺に2をかける}$$

$\Downarrow$

$3x+2y=13$

$4x+2y=16$

両辺をそれぞれ引く。

$-x\quad\quad=-3$

$\quad\quad\quad x=3$

$x=3$ を第2式に代入して，

$6+y=8$

$\quad y=2$

$$\begin{cases} x=3 \\ y=2 \end{cases}$$

②代入法

$2x+y=8$ を変形して，

$y=8-2x$

これを $3x+2y=13$ に代入する。

$$3x+2(8-2x)=13$$
$$3x+16-4x=13$$
$$-x=-3$$
$$x=3$$

$y=8-2x$ に代入して,
$$y=2$$

$$\begin{cases} x=3 \\ y=2 \end{cases}$$

2

$$\begin{cases} x+y+z=2 & \cdots\cdots① \\ x-y+2z=7 & \cdots\cdots② \\ -x-2y+3z=4 & \cdots\cdots③ \end{cases}$$

加減法を用いて, 文字を減らすことを考える。

①+②より

$$\begin{array}{r} x+y+z=2 \\ +)\ x-y+2z=7 \\ \hline 2x\ \ \ +3z=9 \end{array}$$ ……④

①×2+③より,

$$\begin{array}{r} 2x+2y+2z=4 \\ +)\ -x-2y+3z=4 \\ \hline x\ \ \ +5z=8 \end{array}$$ ……⑤

④, ⑤を見るとわかるように, y が消えて x と z の連立方程式になる。

$$\begin{cases} 2x+3z=9 \\ x+5z=8 \end{cases}$$

あとは例題1と同様に解く。

【練習問題】 (▶ p.15)

問1
(1) $\begin{cases} x=1 \\ y=\dfrac{1}{2} \end{cases}$

(2) $\begin{cases} x=3 \\ y=2 \end{cases}$

(3) $\begin{cases} x=-1 \\ y=2 \end{cases}$

(4) $\begin{cases} x=2 \\ y=3 \\ z=6 \end{cases}$

(5) $\begin{cases} x=3 \\ y=1 \end{cases}$

(6) $\begin{cases} x=-3 \\ y=5 \end{cases}$

(7) $\begin{cases} x=1 \\ y=1 \end{cases}$

(8) $\begin{cases} x=2 \\ y=2 \end{cases}$

(9) $\begin{cases} x=3 \\ y=4 \end{cases}$

(10) $\begin{cases} x=7 \\ y=3 \end{cases}$

(11) $\begin{cases} x=2 \\ y=3 \\ z=5 \end{cases}$

(12) $\begin{cases} x=1 \\ y=3 \\ z=4 \end{cases}$

問2 (1) **A**:1 **B**:3

(2) **C**:1 **D**:2

4 一次不等式

【例題】(▶ p.16)

解答

1 $x \geqq -10$

2 $x \leqq -6$

解説

1 $3x+4 \geqq 2x-6$

$3x-2x \geqq -6-4$

$x \geqq -10$

2 $-4x \geqq 24$

両辺を -4 で割る。両辺を負の数で割ると，不等号の向きが変わるので，

$x \leqq -6$

となる。

【練習問題】 (▶ p. 17)

解答

問 1 (1) $x < 3$

(2) $x \geqq -1$

(3) $x \leqq -2$

(4) $x > -\dfrac{8}{5}$

(5) $x \leqq -2$

(6) $x \leqq 4$

(7) $x < -1$

(8) $x > \dfrac{3}{4}$

(9) $x \geqq -1$

(10) $x \geqq 4$

(11) $x < 1$

(12) $x \leqq -\dfrac{17}{8}$

(13) $x < -2$

(14) $x \geqq 2$

(15) $x \geqq 3$

(16) $x \geqq -6$

(17) $x < \dfrac{83}{9}$

5　二次方程式

【例題 1】 (▶ p. 18)

解答

1　$x = \dfrac{1}{2},\ 2$

2　$x = \dfrac{5 \pm \sqrt{13}}{6}$

3　$x = 2 \pm \sqrt{5}$

解説

1

$2x^2-5x+2$ を因数分解する。

$$\begin{array}{ccc} 2 & \searrow & \swarrow -1 = -1 \\ & \times & \times \\ 1 & \nearrow & \nwarrow -2 = -4 \end{array}$$

よって，$(2x-1)(x-2)$

となる。$(2x-1)(x-2)=0$ より，

$$x=\frac{1}{2},\ 2$$

2 因数分解ができそうにないので，解の公式を使う。

$$3x^2-5x+1=0$$

を，

$$ax^2+bx+c=0$$

と比べると，$a=3$，$b=-5$，$c=1$，なので，

$$x=\frac{-b\pm\sqrt{b^2-4ac}}{2a}$$

に代入して，

$$x=\frac{-(-5)\pm\sqrt{(-5)^2-4\cdot 3\cdot 1}}{2\cdot 3}$$

$$=\frac{5\pm\sqrt{25-12}}{6}$$

$$=\frac{5\pm\sqrt{13}}{6}$$

3 $x-2=A$ と考えると，問題の式は，

$$A^2=5$$

となる。

これはすぐ解くことができ，

$$A=\pm\sqrt{5}$$

となる。ここで，$x-2=A$ としたことをから，元に戻すと，

$$x-2=\pm\sqrt{5}$$

となる。-2 を右辺に移項して，

$$x=2\pm\sqrt{5}$$

となる。

【練習問題1】（▶ p.19）

問1 (1) $x=1,\ 2$

(2) $x=2,\ \dfrac{3}{2}$

(3) $x=-1,\ -\dfrac{5}{3}$

(4) $x=\dfrac{-3\pm\sqrt{17}}{4}$

(5) $x=-1,\ 6$

(6) $x=0,\ 4$

(7) $x=\pm 2$

(8) $x=\pm\sqrt{3}$

(9) $x=0,\ -\dfrac{7}{6}$

(10) $x=4$（重解）

(11) $x=-\dfrac{1}{2}$（重解）

(12) $x=\dfrac{-1\pm\sqrt{5}}{2}$

(13) $-3\pm\sqrt{5}$

(14) $x=1,\ 3$

(15) $x=2$（重解）

(16) $2\pm\sqrt{2}$

(17) $x=-\dfrac{3}{2},\ 2$

(18) $x=\dfrac{1}{6},\ -3$

【例題 2】(▶ p. 20)

解答

1 (1) -2

(2) $\dfrac{1}{2}$

(3) 3

(4) -4

2 $(\alpha,\ \beta)=(2,\ 3),\ (0,\ -1),\ (3,\ 2),\ (-1,\ 0)$

解説

1 $2x^2+4x+1=0$ の解が $\alpha,\ \beta$ なので，解と係数の関係により，

$$\begin{cases} \alpha+\beta=-\dfrac{4}{2}=-2 \\ \alpha\beta=\dfrac{1}{2} \end{cases}$$

となる。よって，

(1) $\alpha+\beta=-2$

(2) $\alpha\beta = \dfrac{1}{2}$

(3) $\alpha^2 + \beta^2$ を変形すると，
$$\alpha^2 + \beta^2 = (\alpha + \beta)^2 - 2\alpha\beta$$
ここで，(1), (2)の結果を利用すると，
$$\underbrace{(-2)^2}_{\alpha+\beta} - 2\underbrace{\left(\dfrac{1}{2}\right)}_{\alpha\beta} = 4 - 1 = 3$$

(4) $\dfrac{1}{\alpha} + \dfrac{1}{\beta}$ を変形（通分）すると，
$$= \dfrac{\alpha + \beta}{\alpha\beta}$$
(3)と同様に(1), (2)の結果を利用すると，
$$= \dfrac{-2}{\dfrac{1}{2}}$$
$$= -4$$

2 2つの解を α, β とする。解と係数の関係より，
$$\begin{cases} \alpha + \beta = -a & \cdots\cdots① \\ \alpha\beta = -a + 1 & \cdots\cdots② \end{cases}$$
となる。①−②より，
$$\alpha + \beta - \alpha\beta = -1$$
上の式を変形して整理すると，
$$(\alpha - 1)(\beta - 1) = 2$$
2つの数 $(\alpha - 1)$, $(\beta - 1)$ をかけて2になるためには，以下の4通りである。

$\alpha - 1$	1	−1	2	−2
$\beta - 1$	2	−2	1	−1

よって，

$\begin{cases} \alpha - 1 = 1 \\ \beta - 1 = 2 \end{cases}$ の場合 $\begin{cases} \alpha = 2 \\ \beta = 3 \end{cases}$

$\begin{cases} \alpha - 1 = -1 \\ \beta - 1 = -2 \end{cases}$ の場合 $\begin{cases} \alpha = 0 \\ \beta = -1 \end{cases}$

$\begin{cases} \alpha - 1 = 2 \\ \beta - 1 = 1 \end{cases}$ の場合 $\begin{cases} \alpha = 3 \\ \beta = 2 \end{cases}$

$\begin{cases} \alpha - 1 = -2 \\ \beta - 1 = -1 \end{cases}$ の場合 $\begin{cases} \alpha = -1 \\ \beta = 0 \end{cases}$

となる。

【練習問題2】(▶ p.21)

問1 (1) **AB**:-7 **CD**:12
　　(2) **EF**:11 **G**:5
　　(3) **H**:4 **I**:2 **J**:6 **K**:8

問2 (1) $\dfrac{3}{2}$

　　(2) $-\dfrac{1}{2}$

　　(3) $\dfrac{17}{4}$

　　(4) $-\dfrac{13}{2}$

　　(5) $\dfrac{45}{8}$

第1章　まとめの問題 (▶ p.22-24)

問1　**ABC**:264　**D**:2
問2　**E**:8　**F**:7　**GH**:-3　**I**:7
問3　**JK**:10　**LM**:20　**N**:2　**OP**:10　**Q**:7
問4　**RS**:12　**T**:6　**U**:8　**V**:6
問5 (1) **W**:2
　　(2) **X**:6
　　(3) **Y**:6
　　(4) **Za**:12
　　(5) **bc**:36
　　(6) **d**:3　**e**:2
問6 (1) **f**:4　**g**:3
　　(2) **h**:4　**i**:2　**j**:1
問7　**k**:1
問8 (1) **l**:2　**m**:2　**n**:2　**o**:2
　　(2) **p**:2　**qr**:12
　　(3) **s**:6
　　(4) **t**:2　**u**:2　**v**:2　**w**:2
問9　**xy**:-1　**z**:2　**ア**:4
問10　**イ**:2　**ウ**:3　**エ**:4　**オ**:6　**カ**:9

第2章　二次関数

1　関数の定義と一次関数，二次関数

【例題】（▶ p.26）

解答

1　**A**：5　**B**：9　**CD**：-7　**E**：3　**F**：0
2　**G**：2　**H**：4

解説

1　$f(1)$ は関数 $f(x)$ の $x=1$ のときの値を意味するので，$f(x)=2x+3$ に $x=1$ を代入して，
$$f(1)=2\times 1+3=5$$
同様に，以下のようになる。
$$f(3)=2\times 3+3=9$$
$$f(-5)=2\times(-5)+3=-7$$
$$f(0)=2\times 0+3=3$$
$$f\left(-\frac{3}{2}\right)=2\times\left(-\frac{3}{2}\right)+3=0$$

2　x の正方向へ 3，y の正方向へ -1 移動するので，
$$g(x)=2(x-3)+3+(-1)$$
となる。整理すると，
$$g(x)=2x-6+3-1$$
$$g(x)=2x-4$$
となる。

【練習問題】（▶ p.27）

問1　**A**：4　**BC**：-4　**D**：7　**E**：2
問2　**F**：1　**G**：2　**H**：7
問3　**I**：1　**J**：2
問4　**K**：2　**L**：1
問5　**M**：9　**NO**：16
問6　**PQ**：-7　**R**：1
問7　**ST**：31　**U**：8　**VW**：49

2　二次関数とそのグラフ

【例題】 (▶ p.28)

解答

1 ⑤　**2** ①　**3** ②　**4** ⑥　**5** ③　**6** ④

解説

2　式を変形すると，
$$y = x^2 - 2x$$
$$= (x-1)^2 - 1$$
よって，頂点の x 座標は 1，y 座標は -1 となるので①

3　式を変形すると，
$$y = x^2 - 2x + 1$$
$$= (x-1)^2$$
よって頂点の座標は $(1, 0)$ なので②

4　式を変形すると，
$$y = -x^2 - 4x - 3$$
$$= -(x+2)^2 + 1$$
よって頂点の座標は $(-2, 1)$ で下に凸なので⑥

5　式を変形すると，
$$y = x^2 + 2x - 3$$
$$= (x+1)^2 - 4$$
よって頂点の座標は $(-1, -4)$ なので③

6　式を変形すると，
$$y = -x^2 + 2x + 3$$
$$= -(x-1)^2 + 4$$
よって頂点の座標は $(1, 4)$ で下に凸なので④

【練習問題】 (▶ p.29)

問 1　正，正，2つ

問 2　(1)　**A**：②　**B**：①　**C**：①　**D**：①　**E**：①

　　　(2)　**F**：①　**G**：②　**H**：①　**I**：③　**J**：③

問 3　(1)　増加

　　　(2)　増加

3 グラフの平行移動

【例題】（▶ p.30）

解答

1 **A**:2 **B**:1 **C**:2 **D**:1
2 **E**:4 **F**:3
3 **G**:2 **HI**:10 **J**:1 **K**:2

解説

1 図より，頂点の座標は $(2, 1)$ である。頂点座標が $(2, 1)$ であり，下に凸である二次関数は，
$$y = a(x-2)^2 + 1 \quad (a > 0) \quad \cdots\cdots ①$$
と表すことができる。

また y 軸との交点が $(0, 5)$ であるので，これを①に代入すると，
$$5 = a(-2)^2 + 1$$
$$5 = 4a + 1$$
$$4a = 4$$
$$a = 1$$
となる。よって①は，
$$y = (x-2)^2 + 1$$
である。これは，$y = x^2$ を，x 軸の正方向に 2，y 軸の正方向に 1 だけ平行移動したグラフを表す関数である。

2 $y = (x-2)^2 + 1$ の x を $x-2$ に置き換えることで，x 軸の正方向に 2 だけ平行移動したグラフを表す関数の式を求めることができる。

よって，
$$y = (x-2-2)^2 + 1$$
より，
$$y = (x-4)^2 + 1$$
となる。

また，$y = (x-2)^2 + 1$ の右辺に 2 を加えることで，y 軸の正方向に 2 だけ移動したグラフを表す関数の式を求めることができる。よって，
$$y = (x-2)^2 + 3$$

3 1のグラフが表す関数の式は，$y = x^2 - 4x + 5$ である。次のページの図中に定義域を書き込んで考えてみる。

$x = 3$ のとき，
$$y = 3^2 - 4 \cdot 3 + 5 = 2$$
$x = 5$ のとき，
$$y = 5^2 - 4 \cdot 5 + 5 = 10$$
図より明らかなように，$y = x^2 - 4x + 5$ の値域は，

$$2 < y < 10$$
である。
同様に，$x=1$ のとき，
$$y = 1^2 - 4\cdot 1 + 5 = 2$$
$x=3$ のとき，
$$y = 3^2 - 4\cdot 3 + 5 = 2$$
図より，最も小さくなるのは，$x=2$ のときで，$y=1$，また最も大きくなるのは $x=3$ もしくは $x=1$ のときで，$y=2$ である。

よって，値域は
$$1 \leq y \leq 2$$
である。

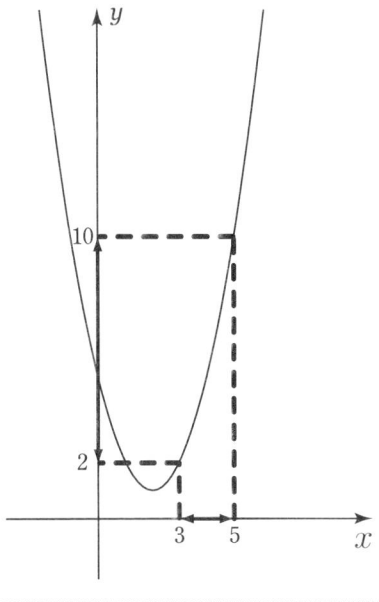

【練習問題】(▶ p.31)

問1　**A**:4　**B**:4　**CD**:12

問2　**E**:2　**F**:1　**G**:2　**HI**:−1　**J**:3　**K**:2　**L**:6　**M**:7

問3　**N**:8　**O**:5

問4　**PQ**:−3　**RST**:−13

問5　**UV**:−5　**WX**:−9

4　頂点と軸，最大値，最小値

【例題】(▶ p.32)

解答

1　**A**:1　**B**:1　**CD**:−1　**E**:1　**FG**:−1　**H**:0　**I**:0　**J**:2

2　**KL**:−2　**MN**:−2　**OP**:−4　**QR**:−4　**S**:5　**TU**:21

解説

2　$y = x^2 + 4x$ のグラフは，
$$= (x+2)^2 - 4$$
と変形できる。

グラフに表すと右のようになる。
これより，軸の方程式は，
$$x = -2$$
頂点座標は
$$(x,\ y) = (-2,\ -4)$$
である。

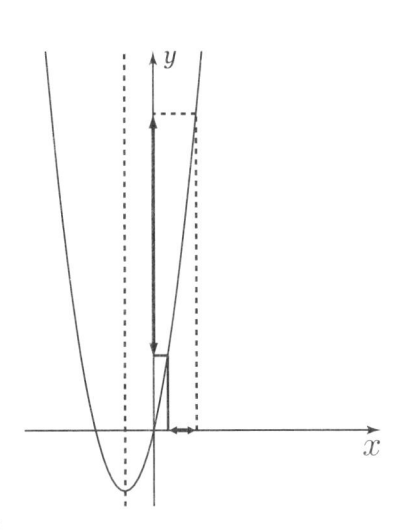

x がすべての実数値をとりうる場合，y の最小値は -4 である。定義域が $1 \leq x \leq 3$ の場合，図より最小値は 5，最

大値は 21 となる。

【練習問題】 (▶ p.33)

問1 　**A**：2　**B**：4　**C**：2　**D**：4　**E**：4　**F**：8　**G**：4　**HI**：13

問2 　**J**：2　**K**：2　**L**：2　**M**：2　**N**：4　**O**：2

問3 　**P**：5　**Q**：3　**RST**：-33　**U**：3　**VWX**：-13　**YZ**：-1

問4 　**a**：4

5　グラフの決定

【例題】 (▶ p.34)

解答

1 　**A**：1　**B**：2　**CD**：-3

2 　**EF**：-1　**G**：1　**H**：3

3 　**IJ**：-1　**K**：0　**L**：2

解説

1 　二次関数 $y=ax^2+bx+c$ が点 $(0, -3)$ を通るので，$x=0$, $y=-3$ を代入して整理すると，

$$c=-3 \quad \cdots\cdots ①$$

同様に，点 $(2, 5)$, 点 $(-3, 0)$ を通るので，点 $(2, 5)$ を代入すると，

$$5=4a+2b+c \quad \cdots\cdots ②$$

点 $(-3, 0)$ を代入すると，

$$0=9a-3b+c \quad \cdots\cdots ③$$

①，②，③を連立して解けばよい。

①を②，③に代入すると，

$$4a+2b=8 \quad \cdots\cdots ②'$$
$$9a-3b=3 \quad \cdots\cdots ③'$$

②′，③′を連立して解くと，

$$a=1, \ b=2$$

よって，

$$a=1, \ b=2, \ c=-3$$

2 　二次関数が $y=a(x-p)^2+q$ と表せるとき，グラフの頂点座標は (p, q) である。このことを思い出すと，頂点座標は $(1, 3)$ と書いてあるので，

$$p=1, \ q=3$$

また y 軸との交点が $(0, 2)$ であるので，

$$2=a(0-1)^2+3$$
$$a=-1$$

となる。以上より，
$$a=-1,\ p=1,\ q=3$$

3 二次関数が $y=a(x-\alpha)(x-\beta)$ の形で表されるとき，α，β はグラフと x 軸との交点の x 座標である。問題文より，$\alpha=0$，$\beta=2$ である（ここで $\alpha<\beta$ を考慮した）。また，点 $(3, -3)$ を通るので，$x=3$，$y=-3$ を代入すると，
$$-3=a(3-0)(3-2)$$
となる。これを解いて，
$$a=-1$$
よって，
$$a=-1,\ \alpha=0,\ \beta=2$$

【練習問題】(▶ p.35)

問 1 (1) **AB**：-1 **C**：4 **D**：0 **E**：3
   (2) **F**：5 **G**：2 **H**：5 **I**：2 **JK**：-2

問 2 (1) $y=-\dfrac{1}{4}x^2+3$
   (2) $y=-x^2$
   (3) $y=2x^2-2x+2$
   (4) $y=3x^2-6x+5$
   (5) $y=x^2+4x+5$
   (6) $y=\dfrac{1}{2}x^2-2x-\dfrac{5}{2}$

6 二次不等式

【例題】(▶ p.36)

解答

1 $-3<x<3$

2 $x<1,\ 3<x$

解説

1 二次不等式 $(x+3)(x-3)<0$ は，p.36 ポイント①の **1-2** の場合であるので，
$$-3<x<3$$

2 二次不等式 $x^2-4x+3>0$ は，p.36 ポイント①の **1-1** の場合であるので，
$$x<1,\ 3<x$$

【練習問題】(▶ p.38-39)

問1 (1) $x<-1$, $2<x$

(2) $3<x<5$

(3) $x\leqq -3$, $3\leqq x$

(4) $-2\leqq x\leqq -\dfrac{1}{2}$

(5) $x<\dfrac{1}{2}$, $2<x$

(6) $\dfrac{2}{3}<x<1$

(7) $1\leqq x\leqq 5$

(8) $\dfrac{-1-\sqrt{5}}{2}<x<\dfrac{-1+\sqrt{5}}{2}$

(9) $0\leqq x\leqq 2$

(10) すべての x

(11) $x\leqq -2-\sqrt{2}$, $-2+\sqrt{2}\leqq x$

問2 (1) **AB**：-4 **CD**：-4 **EF**：-4

(2) **GH**：47 **IJ**：32

第2章 まとめの問題 (▶ p.40-41)

問1 **A**：2 **BC**：10
D：4 **E**：6
F：8 **G**：6 **H**：4
I：6 **JK**：14

問2 (1) **L**：$-$ **M**：3 **N**：2

(2) **O**：1 **P**：2

問3 (1) **Q**：6 **R**：5 **ST**：-3 **UV**：-4

問4 (1) **WX**：-1 **Y**：1

(2) **Z**：2 **a**：2

問5 **bc**：-6 **de**：-2
fg：33 **hi**：16 **j**：1

第3章　図形と計量

1　三角比（正弦，余弦，正接）

【例題】（▶ p.44）

解答

1 **AB**：30　**CD**：90　**EF**：60　**G**：1　**H**：2　**I**：3　**J**：2　**K**：3　**L**：3
　M：3　**N**：2　**O**：1　**P**：2　**Q**：3

2

θ	$0°$	$30°$	$45°$	$60°$	$90°$	$120°$	$135°$	$150°$	$180°$
$\sin\theta$	0	$\dfrac{1}{2}$	$\dfrac{\sqrt{2}}{2}$	$\dfrac{\sqrt{3}}{2}$	1	$\dfrac{\sqrt{3}}{2}$	$\dfrac{\sqrt{2}}{2}$	$\dfrac{1}{2}$	0
$\cos\theta$	1	$\dfrac{\sqrt{3}}{2}$	$\dfrac{\sqrt{2}}{2}$	$\dfrac{1}{2}$	0	$-\dfrac{1}{2}$	$-\dfrac{\sqrt{2}}{2}$	$-\dfrac{\sqrt{3}}{2}$	-1
$\tan\theta$	0	$\dfrac{\sqrt{3}}{3}$	1	$\sqrt{3}$		$-\sqrt{3}$	-1	$-\dfrac{\sqrt{3}}{3}$	0

3 (1)　**A**：1　**B**：4　**C**：3　**D**：4　**E**：1　**F**：1　**G**：2　**H**：1　**I**：2　**J**：1　**K**：3
　　　L：4　**M**：1　**N**：4　**O**：1
　(2)　**P**：3　**Q**：2　**R**：1　**S**：2　**T**：3　**UV**：60

解説

1　直角三角形 ABC において，

$$\sin A = \frac{a}{c}$$

$$\cos A = \frac{b}{c}$$

$$\tan A = \frac{a}{b}$$

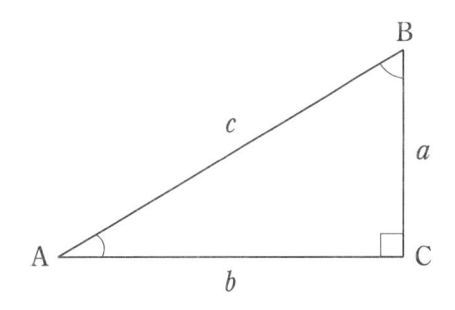

と定義する。これらをまとめて三角比と言う。

また，角度と辺の長さを覚えておくべき直角三角形は，以下の通りである。

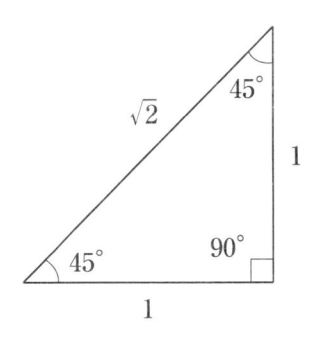

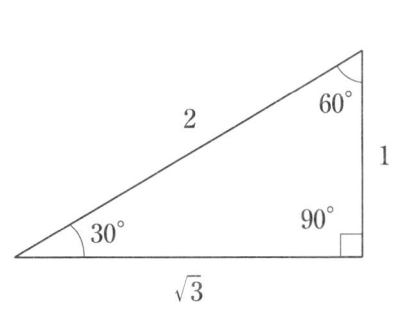

3 $\sin^2 30°$ について，$\sin 30° = \dfrac{1}{2}$ より，

$$\sin^2 30°$$
$$= (\sin 30)^2$$
$$= \left(\dfrac{1}{2}\right)^2$$
$$= \dfrac{1}{4}$$

$\cos^2 30°$ について，$\cos 30° = \dfrac{\sqrt{3}}{2}$ より，

$$\cos^2 30°$$
$$= (\cos 30)^2$$
$$= \left(\dfrac{\sqrt{3}}{2}\right)^2$$
$$= \dfrac{3}{4}$$

以上を用いると，

$$\sin^2 30° + \cos^2 30°$$
$$= \dfrac{1}{4} + \dfrac{3}{4}$$
$$= \dfrac{4}{4}$$
$$= 1$$

【練習問題】（▶ p.45）

問1　(1)　**A**：5　**B**：9
　　　(2)　**C**：4　**D**：9
　　　(3)　**E**：2　**F**：3
　　　(4)　**G**：5　**H**：2
問2　**I**：1　**J**：3
問3　**K**：2　**L**：5　**M**：5　**N**：5　**O**：2　**P**：5　**Q**：5
問4　**R**：3　**S**：5　**T**：4　**U**：3　**V**：−　**W**：3　**X**：5　**Y**：−　**Z**：4　**a**：3
問5　**b**：1　**c**：2　**d**：−　**e**：3　**f**：2

2　正弦定理

【例題】（▶ p.46）

解答

1　**A**：2　**B**：6　**CD**：45　**E**：6　**F**：3　**G**：2　**HI**：60　**JK**：75　**L**：2　**M**：3　**N**：6　**OP**：45
　　Q：2　**R**：6　**ST**：60　**U**：3　**V**：2　**W**：6

解説

右の図のように，辺BCが円Oの直径のとき，∠Aは直角になる。このとき，正弦定理を用いると，

$$\frac{a}{\sin 90°} = 2R$$

今，$a = 2R$ なので，

$$\frac{2R}{\sin 90°} = 2R$$

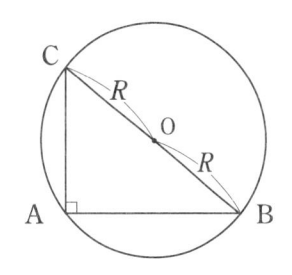

となり，当然の結果になる。これは公式を忘れたとき，思いだすのに便利である。

【練習問題】（▶ p.47）

問1 **A**：2　**B**：3　**C**：2　**D**：3　**E**：5

$$\frac{3}{\sin 30°} = \frac{4}{\sin C} \text{ より } \sin C = \frac{2}{3}$$

$$b = c \cos A + a \cos C = 4 \cdot \frac{\sqrt{3}}{2} + 3 \cdot \frac{\sqrt{2}}{3} = 2\sqrt{3} + \sqrt{5}$$

問2 **F**：3　**G**：6　**H**：3　**I**：2

$$\frac{b}{\sin 60°} = \frac{6}{\sin 45°} = 2R \text{ より } b = 3\sqrt{6} \quad R = 3\sqrt{2}$$

問3 **J**：3　**K**：3

$$C = 60° \text{ より } \frac{c}{\sin C} = \frac{9}{\frac{\sqrt{3}}{2}} = 6\sqrt{3} = 2R \quad R = 3\sqrt{3}$$

問4 **L**：1　**MN**：90

$$\frac{a}{\sin A} = \frac{8}{\sin A} = 8 \text{ より } \sin A = 1 \quad \therefore \quad A = 90°$$

3　余弦定理

【例題】（▶ p.48）

解答

1　**A**：9　**BC**：25　**DE**：30　**F**：1　**GH**：49　**I**：7

【練習問題】（▶ p.49）

問1　(1)　**AB**：13

$$c^2 = a^2 + b^2 - 2ab \cos C$$
$$= 16 + 9 - 12$$
$$= 13$$
$$c > 0 \text{ より } c = \sqrt{13}$$

第3章　図形と計量

(2) **C**：5

$$c^2 = 9 + 2 - 2 \cdot 3\sqrt{2} \cdot \frac{\sqrt{2}}{2} = 5$$

$c > 0$ より，$c = \sqrt{5}$

(3) **D**：7 **E**：8 **FG**：11 **HI**：16 **JK**：−1 **L**：4

$$\cos A = \frac{9 + 16 - 4}{2 \cdot 3 \cdot 4} = \frac{21}{24} = \frac{7}{8}$$

$$\cos B = \frac{16 + 4 - 9}{2 \cdot 4 \cdot 2} = \frac{11}{16}$$

$$\cos C = \frac{4 + 9 - 16}{2 \cdot 2 \cdot 3} = \frac{-3}{12} = \frac{-1}{4}$$

(4) **MN**：90

(5) **O**：1 **P**：7 **QR**：11 **ST**：14 **U**：1 **V**：7 **WX**：13 **YZ**：14

問2 (1) 直角三角形
 (2) 鋭角三角形
 (3) 鈍角三角形

4 三角形の面積

【例題】(▶ p.50)

解答

1 **A**：6 **BC**：30 **D**：3 **EF**：15

2 $\sqrt{11}$

【練習問題】(▶ p.51)

問1 **A**：6

問2 **B**：2

問3 **C**：9 **D**：3 **E**：4

$A = B = 30°$ より $C = 120°$，$\sin 120° = \frac{\sqrt{3}}{2}$ より (面積) $= \frac{1}{2} \cdot 3 \cdot 3 \cdot \frac{\sqrt{3}}{2} = \frac{9\sqrt{3}}{4}$

問4 **FG**：17 **H**：4

$$\begin{aligned}(求める面積) &= \triangle ABD + \triangle BCD \\ &= \frac{1}{2} \cdot 2 \cdot 4 \cdot \frac{1}{2} + \frac{1}{2} \cdot 3 \cdot \sqrt{3} \cdot \frac{\sqrt{3}}{2} \\ &= 2 + \frac{9}{4} = \frac{17}{4}\end{aligned}$$

問5 (1) **I**：5 **J**：7
 (2) **K**：2 **L**：6 **M**：7
 (3) **N**：6 **O**：6

(4) **PQ** : 35

第 3 章 まとめの問題 (▶ p.52)

問 1 (1) **A** : 4   **B** : 5
(2) **CD** : 10
(3) **E** : 9   **F** : 2
(4) **G** : 5   **H** : 6   **IJ** : 10

問 2 (1) **K** : 1   **L** : 4
(2) **M** : 4

問 3 **NO** : 25   **P** : 4

問 4 **Q** : 9   **R** : 1   **S** : 2

BC を a とすると，余弦定理より，
$$a^2 = 5^2 + 6^2 - 2 \cdot 6 \cdot 5 \cos 60°$$
これを整理すると，$a > 0$ より，
$$a = \sqrt{31}$$
次に頂点 A から辺 BC に垂線を下ろし，その交点を H とする。HC を x，AH を y とすると，△AHC と △AHB に対して，
$$\begin{cases} x^2 + y^2 = 5^2 \\ (\sqrt{31} - x)^2 + y^2 = 36 \end{cases}$$
が成り立つ。これを解くと，
$$x = \frac{10}{\sqrt{31}}, \quad y = \frac{5\sqrt{27}}{\sqrt{31}}$$
ここで △AMH について考えると，$AM^2 = AH^2 + MH^2$ より，
$$AM^2 = \left(\frac{5\sqrt{27}}{\sqrt{31}}\right)^2 + \left(\frac{\sqrt{31}}{2} - \frac{10}{\sqrt{31}}\right)^2$$
これを解いて，
$$AM = \frac{\sqrt{91}}{2}$$

第4章　平面図形

1 相似と内分

【例題】(▶ p.54)
解答
1　**ABC** : PST   **DEF** : SQT   **GHI** : PTU
2　**J** : 6   **K** : 8   **L** : 2   **M** : 1

【練習問題】（▶ p.55）

問1 △ABE に着目する。DF∥BE より，
$$AF:FE=2:3 \quad \cdots\cdots ①$$
となる。よって，△ADF∽△ABE より，
$$DF=\frac{2}{5}BE \quad \cdots\cdots ②$$
となる。また，問題文より，
$$EC=\frac{1}{2}BE \quad \cdots\cdots ③$$
である。②，③より，
$$DF=\frac{2}{5}\times 2EC=\frac{4}{5}EC$$
となる。また，2角が等しいことから △DFG∽△CEG で，△DFG と △CEG の相似比は 4:5 である。以上より，
$$FG:GE=4:5 \quad \cdots\cdots ④$$
また，①，④より，
$$AF:FE=6:9$$
であるので，
$$AF:FG:GE=6:4:5$$

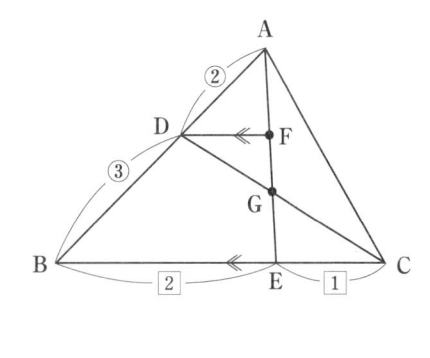

問2 BD:DF:FE:EB=k とする。
DF∥BE より，
$$\triangle ABC \backsim \triangle ADF \quad \cdots\cdots ①$$
$$\triangle ABC \backsim \triangle FEC \quad \cdots\cdots ②$$
①，②より，
$$\triangle ADF \backsim \triangle FEC$$
である。よって，
$$AD:FE=DF:EC$$
FE=DF=k より，
$$AD:k=k:EC$$
$$k^2=AD\times EC$$
よって，AD と EC は反比例の関係である。

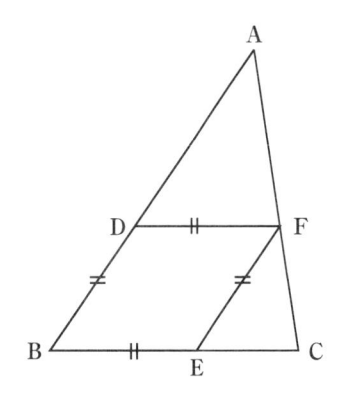

問3 DE=x，CE=y とすると，
$$S=\frac{1}{2}xy\sin\theta$$
となる。
　　△ADE=S_1，△BAE=S_2，△CBE=S_3，とおくと，同様に，

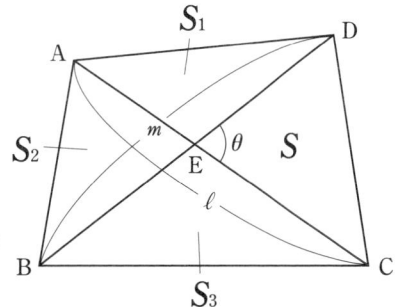

$$S_1 = \frac{1}{2}x(\ell - y)\sin\theta$$

$$S_2 = \frac{1}{2}(m-x)(\ell - y)\sin\theta$$

$$S_3 = \frac{1}{2}(m-x)y\sin(180°-\theta)$$

$\sin(180-\theta) = \sin\theta$ より，

$$\begin{aligned}
(四角形\,ABCD) &= S + S_1 + S_2 + S_3 = \frac{1}{2}xy\sin\theta + \frac{1}{2}(x\ell - xy)\sin\theta \\
&\quad + \frac{1}{2}(m\ell - my - x\ell + xy)\sin\theta \\
&\quad + \frac{1}{2}(my - xy)\sin\theta \\
&= \frac{1}{2}\sin\theta\,(xy + x\ell - xy + m\ell - my - x\ell + xy \\
&\quad + my - xy) \\
&= \frac{1}{2}m\ell\sin\theta
\end{aligned}$$

となる。

問4 △ADF と △ABE において，BE∥DF より，

$$\triangle ADF \backsim \triangle ABE$$

よって，

$$AD:AB = AF:AE \qquad \cdots\cdots ①$$

同様に △ADE と △ABC について考える。

$$\triangle ADE \backsim \triangle ABC$$

より，

$$AD:AB = AE:AC \qquad \cdots\cdots ②$$

①，②より，

$$AF:AE = AE:AC$$

これを計算すると，

$$AE^2 = AF \cdot AC$$

2　三角形と内接円（内心）

【例題】（▶ p.56）

解答

1　**A**：5　**BC**：60　**D**：3　**E**：3　**F**：4　**G**：3　**H**：3

【練習問題】（▶ p.57）

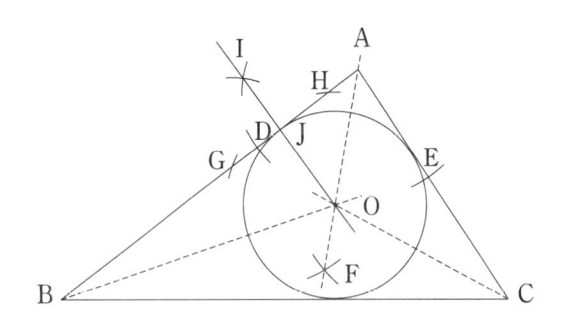

問1

∠A，∠B，∠C の二等分線の交点を求める。

① A から等しい距離にある点を，辺 AB，AC 上にとり，それぞれ D，E とする。
② D，E から等しい距離にある点 F を求める。
③ AF を結ぶ。

①〜③を B，C に対しておこなうことにより，内心 O が求められる。

内接円を求めるには，O から辺 AB へ垂直な線をひけばよい。

④ 点 O から等しい距離にある点を線分 AB 上にとり，それぞれ G，H とする。
⑤ さらに点 G，H から等しい距離にある I を求める。
⑥ 点 O，I を結び，辺 AB との交点を決める。これを J とする。
⑦ 線分 OJ が内接円の半径であるので，点 O を中心に半径 OJ である円をかけばよい。

問2 △ABC の面積 S に着目する。内接円の半径を r とし，△ABG，△ACG，△BCG をもとめ，足しあわせると，

$$S = \frac{1}{2}\mathrm{AB}r + \frac{1}{2}\mathrm{AC}r + \frac{1}{2}\mathrm{BC}r$$
$$= \frac{1}{2}r(\mathrm{AB}+\mathrm{AC}+\mathrm{BC})$$

また，△AEG，△BFG，△CFG に着目すると，

$$S = \frac{1}{2}\mathrm{AE}r \times 2 + \frac{1}{2}\mathrm{BF}r \times 2 + \frac{1}{2}\mathrm{CF}r \times 2$$
$$= r(\mathrm{AE}+\mathrm{BF}+\mathrm{CF})$$
$$= r(\mathrm{AE}+\mathrm{BC})$$

$$2\mathrm{AE} = \mathrm{AB}+\mathrm{AC}-\mathrm{BC}$$

別解

$$\mathrm{AB} = \mathrm{AE}+\mathrm{BE}$$
$$\mathrm{AC} = \mathrm{AD}+\mathrm{CD} = \mathrm{AE}+\mathrm{CD}$$
$$\mathrm{BC} = \mathrm{BF}+\mathrm{CF} = \mathrm{BE}+\mathrm{CD}$$

AB+AC−BC に上式を代入すると，

$$\text{右辺} = \mathrm{AE}+\mathrm{BE}+\mathrm{AE}+\mathrm{CD}-\mathrm{BE}-\mathrm{CD}$$
$$= 2\mathrm{AE}$$

よって，
$$（右辺）＝（左辺）$$

問3　BE＝BF＝z とする。ピタゴラスの定理により，
$$(x+z)^2+(x+y)^2=(z+y)^2$$

整理すると，
$$z=\frac{x^2+xy}{y-x}$$

よって，
$$AB=\frac{2xy}{y-x}$$

同様に，
$$BC=\frac{y^2+x^2}{y-x}$$

3　円周角と中心角

【例題】（▶ p.58）

解答

1　**AB**：80　**CDE**：100　**FGH**：100

【練習問題】（▶ p.59）

問1　(1)　$72°$

(2)　$10°$

(3)　$60°$

問2　(1)　②

(2)　③

(3)　①

問3　$56°$

問1　(1)　弧 AB，BC，CD，DE，EA の長さは等しいので，それぞれの弧に対する中心角も等しい。よって，中心角の値は，
$$360\div5=72$$

これより，それぞれの弧に対する内周角は $36°$ であることがわかる。

線分 BE と線分 AC の交点を P，線分 BD と線分 AC の交点を Q とすると，△BPQ は二等辺三角形であるので，∠PBQ＝$36°$ より，
$$x=(180-36)\div2=72°$$

(2) 円に内接する四角形の性質より，
$$\angle B + \angle D = 180°$$
よって，
$$100 + \angle D = 180° より，$$
$$\angle D = 80°$$
また辺 DC は半径であるので，
$$\angle DAC = 90°$$
よって，
$$x = 180 - 80 - 90 = 10°$$

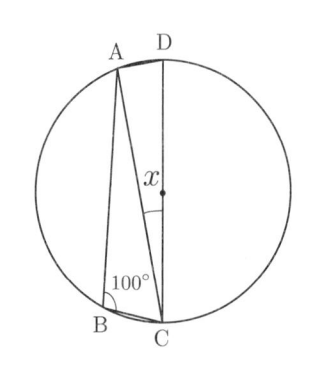

(3) 円周角と中心角の関係より，
$$\angle COD = 60°$$
よって，
$$\angle DOE = 180° - 60° = 120°$$
ここで，円周角と中心角の関係より，
$$\angle DOE = 2x$$
$$x = 60°$$

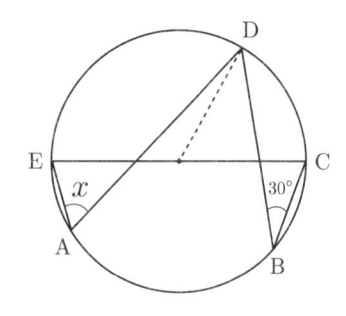

問 3 点 A，B，C，D は同じ円の円周上にあるので，円周角の定理より，
$$\angle DCA = \angle DBA = 30°$$
よって，
$$x + 30° = 86°$$
$$x = 56°$$

4 円と直線

【例題】（▶ p.60）

解答

1 1

2 (1) 80°

　　(2) 60°

　　(3) 120°

解説

1

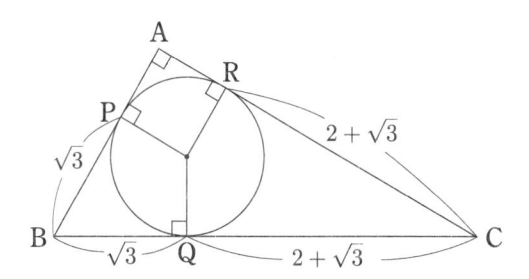

$$PB = BQ = \sqrt{3},$$
$$RC = CQ = 2 + \sqrt{3},$$
また，内接円の半径を x とおくと，
$$AP = AR = x$$
となる。
△ABC に三平方の定理を用いると，
$$AB + AC = BC$$
より，
$$(x+\sqrt{3})^2 + (x+2+\sqrt{3})^2 = (\sqrt{3}+2+\sqrt{3})^2$$
整理して計算すると，
$$x^2 + 2(1+\sqrt{3})x - (3+2\sqrt{3}) = 0$$
解の公式より，
$$x = -1 - \sqrt{3} \pm \sqrt{7+4\sqrt{3}}$$
ここで，$(\sqrt{3}+2)^2 = 7+4\sqrt{3}$ であるので，
$$x = -1 - \sqrt{3} \pm \sqrt{3} + 2$$
$x > 0$ より，
$$x = -1 - \sqrt{3} + \sqrt{3} + 2$$
$$= 1$$

2 (1) 接線と弦の作る角(p.60，ポイント参照)より，
$$x = 80°$$
(2) (1)と同様に
$$x = 60°$$
(3) (1)と同様に
$$x = 120°$$

【練習問題】（▶ p.61）

問1 (1) $x = 1$
$$2 \cdot 6 = 3 \cdot (3+x) = 1$$
(2) $x = \dfrac{57}{5}$
$$4 \cdot 8 = 5 \cdot (x-5) = \dfrac{57}{5}$$
(3) $x = \sqrt{10}$
$$2 \cdot 5 = x^2$$
$x > 0$ より，
$$x = \sqrt{10}$$

問2 $42°$

問3 $\dfrac{15\sqrt{3}}{2}$

解説

問1　方べきの定理を用いて考える。

方べきの定理

円 O と 2 点 A，B で交わる直線と 2 点 C，D で交わる直線を考える。

このとき，
$$QA \cdot QB = QC \cdot QD$$
が成り立つ。これを方べきの定理という。

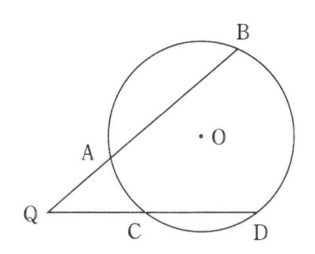

この定理は，右の図のように，点 Q が円 O の内部にある場合にも成り立つ。
$$QA \cdot QB = QC \cdot QD$$
である。

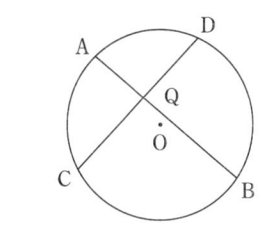

問2　弧の長さの比は，その弧に対する中心角の比に等しいので，弧 BC に対する中心角を k とすると，弧 AB, CD, DE, EA に対する中心角はそれぞれ $2k$, $3k$, $4k$, $5k$ となる。

よって，
$$k + 2k + 3k + 4k + 5k = 360$$
$$k = 24$$

△ODE について考える。
$$\angle DOE = 24° \cdot 4 = 96°$$
また，△DOE は二等辺三角形なので，
$$\angle OED = 42°$$

問3

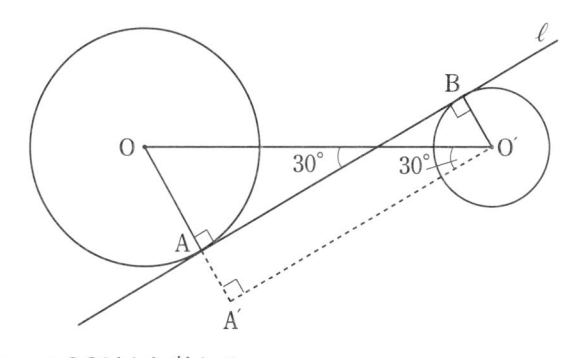

上の図のように，△OO′A′ を考える。
$$OO' : O'A' = 2 : \sqrt{3}$$
以上より，

$$15 : \text{O}'\text{A}' = 2 : \sqrt{3}$$
$$\text{O}'\text{A}' = \frac{15\sqrt{3}}{2}$$

O′A′＝AB なので，
$$\text{AB} = \frac{15\sqrt{3}}{2}$$

第 4 章　まとめの問題 (▶ p.62)

問 1　**A**：5
問 2　**B**：3　**C**：3　**DE**：30　**FG**：60
問 3　**HI**：70　**JK**：30　**LM**：60
問 4　**N**：4　**O**：3　**P**：2　**Q**：3　**R**：2　**S**：3　**T**：3　**U**：2　**V**：3
問 5　**W**：7　**XY**：18
問 6　**Z**：3　**a**：3　**b**：2

第 5 章　集合と論理

1　必要条件と十分条件

【例題】(▶ p.64)
解答
1　**A**：①　**B**：②

【練習問題】(▶ p.65)
問 1　(1) ○
　　　(2) ×
　　　　（たとえば $x=y=-2$ の場合）
　　　(3) ×
　　　　（たとえば $x=\sqrt{2}$，$y=1-\sqrt{2}$ の場合）
　　　(4) ×
　　　　（たとえば $x=y=\sqrt{2}$ の場合）
　　　(5) ○
　　　(6) ○
　　　(7) ×
　　　　（必要条件でも十分条件でもない）
　　　(8) ×
　　　　（十分条件だが必要条件ではない）
　　　(9) ○

(10) ×

($x=-2$, $y=1$ なら $x<y$, $x^2>y^2$)

(11) ×

(xy が偶数なら, x, y の少なくとも1つは偶数である)

第5章 まとめの問題 (▶ p.66)

問1　⓪

問2　②

問3　①

問4　⓪

問5　③

問6　②

問7　③

問8　①

問9　②

問10　③

問11　⓪

問12　⓪

問13　①

問14　③

問15　①

第⑥章　場合の数と確率

1　場合の数（樹形図・順列）

【例題】(▶ p.68)

解答

1　**A**：6

2　**BC**：24

解説

1　その1　小さな数から順番に書いていくと，
　　　123, 132, 213, 231, 312, 321
　　　よって全部で6通り。

その2 下の図より，全部で6通り。

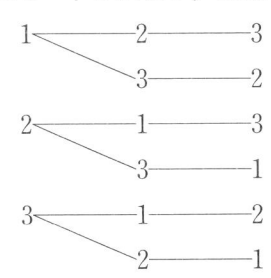

```
1 ── 2 ── 3
  ╲  3 ── 2
2 ── 1 ── 3
  ╲  3 ── 1
3 ── 1 ── 2
  ╲  2 ── 1
```

その3 百の位には3通り，十の位には百の位で使ったものを除いた2通り，一の位には残った1通りの選び方がある。よって全部で3・2・1＝6通り。

2 千の位に使える数字は4通り。百の位は千の位で使ったものを除いた3通り。十の位は2通り，一の位は残った1通りの選び方しかない。よって全部で4・3・2・1＝24通り。

1のその1，その2は実際に数えてしまう方法である。その1の方法は辞書式配列と呼ばれる。数字なら小さい順や大きい順，文字なら辞書のようにあいうえお順やアルファベット順に並べるようにして数える。

その2の図は「樹形図」と呼ばれる。木が枝を張っている形状からこう呼ばれている。

その3と，**2**の解き方は，順列の考え方を使った解き方である。

その3の場合は，異なる3枚のカードから，3枚のカードを取り出して並べるとき，その並べ方の総数はいくつかと考えることができる。

順列の公式に当てはめると，

$$_3P_3 = \frac{3!}{(3-3)!} = \frac{3!}{0!} = \frac{3 \cdot 2 \cdot 1}{1} = 6$$

2も同様に，

$$_4P_4 = \frac{4!}{(4-4)!} = \frac{4!}{0!} = \frac{4 \cdot 3 \cdot 2 \cdot 1}{1} = 24$$

となる。

【練習問題】（▶ p.69）

問1　(1)　**A**：②

　　　(2)　**B**：⑤

　　　(3)　**C**：④

問2　**DEF**：720

問3　(1)　**GHI**：120

　　　(2)　**JK**：20　**LM**：52

　　　(3)　**NO**：60　**PQR**：134

問4　(1)　**ST**：18

(2) **U**：4
(3) **VW**：10
問5 (1) **X**：1　**Y**：6
(2) **Z**：5　**ab**：18
(3) **cd**：35　**ef**：18

2　組合せ

【例題】（▶ p.70）
[解答]
1　**AB**：15　**CD**：15
2　(1)　**EF**：12
　(2)　**GH**：20

[解説]
1　代表2人を順に選ぶとき，1人目の選び方は6通り。2人目は1人目で選んだ人を除いた5通り。しかしここで，たとえば
● 1人目が鈴木さんで2人目が清水さん
● 1人目が清水さんで2人目が鈴木さん
この2つの内容はまったく同じなので全体を2で割らなければならない。
よって答えは $6×5÷2=15$　$6・\dfrac{5}{2}=15$
15通り。

代表が4人の場合，これはつまり代表にならない2人を選ぶということと同じである。よってその選び方は15通り。

2　(1)　異なる4文字を並べる並べ方の総数は $4・3・2・1=24$ 通りである。$A_1 A_2 BC$ を順に一列に並べる場合，たとえば
　　　$A_1 B A_2 C$
　　　$A_2 B A_1 C$
はどちらもまったく同じ（ABAC）なので，全体を（A_1，A_2 の順列の総数）2で割る必要がある。
よって答えは12通り。

(2)　異なる5文字を一列に並べる並べ方の総数は $5!=120$ 通りである。
A_1，A_2，A_3，B，C を一列に並べる場合，たとえば
　　　$A_1 B A_2 C A_3$，　$A_1 B A_3 C A_2$，　$A_2 B A_1 C A_3$
　　　$A_2 B A_3 C A_1$，　$A_3 B A_1 C A_2$，　$A_3 B A_2 C A_1$
これらはすべて同じもの（ABACA）である。よって全体を A_1，A_2，A_3 の順列の総

数 6 で割らなければならない。答えは 120÷6＝20 通り。

【練習問題】（▶ p.71）

問 1　**A**：④　**B**：②　**C**：③
問 2　**D**：6
問 3　**EF**：56　**GH**：70
問 4　**IJ**：30
問 5　**KL**：84
問 6　**MNO**：210
問 7　**PQ**：90
問 8　**RS**：10

　　　A から B へ移動するためには，上へ 2 回，右へ 3 回移動する必要がある。よってこの問題は，

　　　上　上　右　右　右

　というカードの並べ方が何通りあるか考えることと同じである。したがって，

$$\frac{5!}{2!\cdot 3!}=10$$

3　確率

【例題】（▶ p.72）

解答

1　**AB**：36　**C**：6　**D**：1　**E**：6
2　(1)　**F**：1　**G**：9　**H**：4　**I**：9　**J**：4　**K**：9　**LMN**：600
　　(2)　**O**：1　**PQ**：15　**R**：2　**S**：5　**T**：8　**UV**：15　**WXY**：600

解説

1　1 つのサイコロで 6 通りの目の出方があるので，大小 2 つのサイコロの目の出方は全部で 6×6＝36 通り。目が揃うのは 2 つのサイコロの目が，

　　(1, 1), (2, 2), (3, 3), (4, 4), (5, 5), (6, 6)

　の場合で，計 6 通り。よってその確率は $\frac{6}{36}=\frac{1}{6}$。

2　(1)　クジがあたる確率は $\frac{1}{3}$，ハズレの確率は $\frac{2}{3}$ である。

　　　2 本ともアタリである確率は $\frac{1}{3}\cdot\frac{1}{3}=\frac{1}{9}$

　　　2 本ともハズレである確率は $\frac{2}{3}\cdot\frac{2}{3}=\frac{4}{9}$

　　　1 本だけアタリである確率は，全体からアタリが 2 本，0 本の確率を引いたものなの

で, $1-\left(\dfrac{1}{9}+\dfrac{4}{9}\right)=\dfrac{4}{9}$

得られる金額の期待値は,

$$\dfrac{1}{9}\cdot 2\cdot 900+\dfrac{4}{9}\cdot 1\cdot 900+\dfrac{4}{9}\cdot 0\cdot 900=\dfrac{6}{9}\cdot 900=600(円)$$

(2) 1本目がアタリの場合, 2本目を引くときには5本中1本がアタリなので, アタリの確率は $\dfrac{1}{5}$ である。よって2本ともアタリの確率は,

$$\dfrac{1}{3}\cdot\dfrac{1}{5}=\dfrac{1}{15}\quad\left(=\dfrac{{}_2C_2}{{}_6C_2}\right)$$

である。1本目がハズレの場合, 2本目を引くときには5本中3本がハズレなので, ハズレの確率は $\dfrac{3}{5}$ である。よって2本ともハズレの確率は,

$$\dfrac{2}{3}\cdot\dfrac{3}{5}=\dfrac{2}{5}\quad\left(=\dfrac{{}_4C_2}{{}_6C_2}\right)$$

1本だけがアタリの確率は全体からアタリが2本, 0本の確率を引いたものなので,

$$1-\left(\dfrac{1}{15}+\dfrac{2}{5}\right)=\dfrac{8}{15}\quad\left(=\dfrac{{}_2C_1\times{}_4C_1}{{}_6C_2}\right)$$

もらえる額の期待値は,

$$\dfrac{1}{15}\cdot 2\cdot 900+\dfrac{8}{15}\cdot 1\cdot 900+\dfrac{2}{5}\cdot 0\cdot 900=\dfrac{10}{15}\cdot 900=600(円)$$

【練習問題】(▶ p.74)

問1 (1) **A**:2 **B**:7
(2) **C**:1 **D**:7
(3) **E**:4 **F**:7
(4) **GH**:20

問2 **I**:2 **J**:7 **K**:1 **LM**:21 **NO**:10 **PQ**:21 **RS**:10 **TU**:21

問3 (1) **V**:2 **W**:9
(2) **X**:8 **YZ**:27
(3) **a**:4 **b**:9
(4) **c**:2 **d**:9
(5) **ef**:29 **gh**:27

第6章 まとめの問題 (▶ p.75-76)

問1 (1) **A**:3 **BC**:10
(2) **D**:1 **E**:2
(3) **F**:5 **G**:2

問 2　(1)　**H**：2　**I**：5
　　　(2)　**JK**：26　**LM**：35
　　　(3)　**NO**：46　**PQ**：35
問 3　(1)　**R**：1　**S**：8
　　　(2)　**T**：5　**UVW**：108
　　　(3)　**XY**：19　**Za**：27
問 4　(1)　**b**：4　**cd**：15
　　　(2)　**ef**：14　**g**：3
問 5　**hi**：16
問 6　**jk**：48
問 7　**lm**：24　**no**：12

総合問題　第1回　(▶ p.78)

[I]

(1)　**A**：3　**B**：2

(2)　**CD**：30　**EFG**：135

[II]

問 1　**A**：1　**B**：2
問 2　(1)　**C**：4　**DE**：35
　　　(2)　**FG**：12　**HI**：35
　　　(3)　**JK**：12　**L**：7
問 3　(1)　**M**：①
　　　(2)　**N**：①
　　　(3)　**O**：⓪
　　　(4)　**P**：③
　　　(5)　**Q**：①

[III]

(1)　**A**：7

(2)　**B**：4

[IV]

(1)　**A**：1　**B**：2

(2)　**C**：3　**D**：4

総合問題 第2回 (▶ p.82)

I

問1　**A**：③

問2　**B**：2　**C**：9　**D**：4

II

問1　(1)　**A**：③

(2)　**B**：②

(3)　**C**：①

(4)　**D**：⓪

(5)　**E**：①

問2　(1)　**F**：1　**G**：4

(2)　**HI**：11　**JK**：36

(1)　**L**：5　**MN**：36

III

(1)　**A**：②

(2)　**B**：③

IV

問1　**A**：3　**B**：4　**C**：5　**D**：4

問2　**E**：2　**F**：3　**G**：3

著者略歴

小宮　全（こみや　ぜん）
1973年生まれ。
東京理科大学理学研究科物理学専攻博士後期課程単位取得満期退学。博士（理学）。
専門は情報教育と宇宙物理学。

山田　哲也（やまだ　てつや）
1981年生まれ。
東京大学教養学部卒業。

チャレンジ数学（コース1）[改訂版]　日本留学試験対応

　　2007年2月28日　初版第1刷発行
　　2012年3月30日　初版第4刷発行

　　　　　　　　　　　　　　　　著　者　小宮　　全
　　　　　　　　　　　　　　　　　　　　山田　哲也
　　　　　　　　　　　　　　　　発行者　佐藤今朝夫
　　　　　　　　　　　　　　　　　装丁・柴田淳デザイン室
　　　　　　　　　〒174-0056　東京都板橋区志村1-13-15
　　　　　発行所　株式会社　国書刊行会
　　　　　　　　　TEL 03 (5970) 7421　FAX 03 (5970) 7427
　　　　　　　　　　　　　　http://www.kokusho.co.jp

落丁本・乱丁本はお取替いたします。　　印刷・明和印刷㈱　製本・㈲村上製本所
ISBN 978-4-336-04802-8

日本留学試験対応　チャレンジシリーズ
B5判・並製カバー

チャレンジ総合科目 [改訂版]
日本留学試験問題研究会編　1995円

❖

チャレンジ数学（コース1）[改訂版]
小宮全・山田哲也　1575円

❖

チャレンジ日本語〈聴読解〉
日本留学試験問題研究会編　1680円

チャレンジ日本語〈聴読解〉CD
3570円

❖

チャレンジ日本語〈読解〉
友松悦子・宮本淳・和栗雅子　1890円

❖

チャレンジ日本語〈聴解〉
日本留学試験問題研究会編　1890円

チャレンジ日本語〈聴解〉CD
3570円

❖

チャレンジ理科〈物理〉[改訂版]
小宮全　1995円

❖

チャレンジ理科〈化学〉
木谷朝子　1680円

日本留学試験対応　総合科目問題集 [改訂版]　14日間の必勝プログラム
原亮　1995円

完璧　数学（コース1）　日本留学試験対応／中国語・韓国語・英語でポイント解説！
郁凌昊・中山貴士　1890円

◉価格は、本体価格に消費税（5％）を含む定価表示です。

== 日本語能力試験対策問題集　好評既刊 ==

日本語能力試験に出る文法　1級
松岡龍美・辻信代　定価：1328円

日本語能力試験に出る文法　2級
松岡龍美・辻信代　定価：1533円

日本語能力試験に出る漢字　1級
松岡龍美　定価：1428円

日本語能力試験に出る漢字　2級
松岡龍美　定価：1838円

日本語能力試験に出る文字・語彙　1・2級
松岡龍美　定価：1638円

日本語能力試験に出る読解　1級
久保三千子・下村彰子　定価：1680円

日本語能力試験直前対策　文法1級
国書刊行会　定価：1334円

日本語能力試験直前対策　文法2級
国書刊行会　定価：1334円

日本語能力試験直前対策　文法3級
国書刊行会　定価：1260円

日本語能力試験直前対策　文字・語彙1級
国書刊行会　定価：1334円

日本語能力試験直前対策　文字・語彙2級
国書刊行会　定価：1334円

日本語能力試験直前対策　文字・語彙3級
国書刊行会　定価：1260円

●価格は、本体価格と消費税（5％）を含む定価表示です。

漢字学習の決定版

留学生のための漢字の教科書　初級300

留学生のための漢字の教科書　中級700

税込：各1680円

留学生のための漢字の教科書　上級1000

税込：1890円

＊

佐藤尚子・佐々木仁子 著

シリーズの特徴

効果的に学習するために必要な漢字とその読み、語彙を、各レベルごとに厳選

漢字の意味・語彙などには英語、中国語、韓国語を併記

生活でよく目にする書類や資料などを題材にしているので、実践的な学習が可能

すべての漢字の筆順を掲載

学習に便利な音訓索引、部首索引付き

国書刊行会